高等教育建筑产业化系列教材

装配式建筑概论

潘洪科　主编

袁志军　胡淑军　副主编

廖菲菲　孙　博

科学出版社

北　京

内 容 简 介

鉴于当前国家在引领建筑产业化的发展方向及重点布局方面作出的推动，建筑业对于装配式建筑人才的需求空前猛增，缺口较大，由于当前装配式建筑方面的教材极少，为高质量培养装配式人才，本书编委会组织专门力量编写装配式系列教材。本书主要内容包括绪论、装配式混凝土结构建筑、装配式钢结构建筑、装配式木结构建筑、装配式建筑品构件生产、装配式建筑施工、装配式建筑项目管理、装配式建筑计量与计价、BIM 技术在装配式建筑中的应用、装配式建筑结构节点连接及质量检测等。本书各章后附有习题，便于自学。

本书系统性强、重点突出、难易适当，既重视基础理论的阐述，又反映了我国当前的工程实践。本书可作为高等学校、职业类学校土木工程专业及开设装配式建筑课程相关专业的学生用书，也可作为从事装配式建筑研究及施工的工程技术人员的参考书。

图书在版编目（CIP）数据

装配式建筑概论/潘洪科主编. —北京：科学出版社，2020.9
（高等教育建筑产业化系列教材）
ISBN 978-7-03-065489-2

Ⅰ.①装… Ⅱ.①潘… Ⅲ.①装配式构件-高等学校-教材 Ⅳ.①TU3

中国版本图书馆 CIP 数据核字（2020）第 100081 号

责任编辑：万瑞达 / 责任校对：马英菊
责任印制：吕春珉 / 封面设计：曹 来

科 学 出 版 社 出版
北京东黄城根北街 16 号
邮政编码：100717
http://www.sciencep.com

新科印刷有限公司 印刷
科学出版社发行 各地新华书店经销
*

2020 年 9 月第 一 版 开本：787×1092 1/16
2022 年 1 月第二次印刷 印张：11
字数：255 000

定价：35.00 元
（如有印装质量问题，我社负责调换〈新科〉）
销售部电话 010-62136230 编辑部电话 010-62134021

前　言

为推动我国建筑业转型升级及提高工业化生产水平，2016 年 9 月国务院办公厅印发了《国务院办公厅关于大力发展装配式建筑的指导意见》（以下简称《意见》），同时各相关部委及各地政府也相继出台了强制推进装配式建筑的各项要求与奖励措施；为保证装配式建筑高效、稳步的发展，2017 年 12 月住房和城乡建设部又颁布了《装配式建筑评价标准》（GB/T 51129—2017）。但是从目前来看，装配式建筑技术人员仍严重匮乏。为深入学习贯彻《意见》精神，适应发展需要，提高高等院校建筑产业化专业发展速度，鼓励高等学校设置装配式建筑相关课程，2018 年 1 月 19 日在新余学院召开的江西省土木建筑学会教育工作委员会上，各专家及委员对装配式建筑方向课程设置情况进行了重点讨论和规划。为保证对应课程教材的高质量建设，中国科技出版传媒股份有限公司（科学出版社）协同相关高等院校于 2018 年 6 月 22 日～23 日在新余学院召开江西省高等院校关于建筑产业化系列教材开发与课程资源建设研讨会。会议最终讨论确定先组织 8 门课程教材的编写，其中《装配式建筑概论》即为本系列教材中的一种。

由于装配式建筑在我国发展相对较慢，大多数高校建设类专业尚未开设装配式建筑类课程，土木工程专业指导委员会也没有将该课程列入核心及必修课程之列，因而目前关于"装配式建筑概论"课程及教材可供参考的资料较少，这为本书的编写带来了困难。鉴于此，科学出版社联合各高校有丰富的教学与工程实践经验的教师进行了本书的编写与出版工作，编写队伍中多人为"双师型"教师，有在建筑企业多年工作的经历并与装配式建筑的生产与施工企业联系紧密，掌握较多的装配式建筑最新知识与技术，这为本书（及本系列教材）的编写带来了质量的保障。

本书既重视装配式建筑基础理论知识的阐述，又注重引入本学科的新进展、新技术、新材料和新工艺，力求知识的系统性与技术的新成就相结合。相信本书的出版将在一定程度上对各高校装配式建筑理论与技术相关课程的教学起到积极的作用。

本书由新余学院潘洪科担任主编，南昌大学袁志军、胡淑军和新余学院廖菲菲、孙博担任副主编，全书由潘洪科统稿。具体编写分工如下：第 1 章由潘洪科编写，第 2 章由胡淑军和江西中煤建设集团有限公司廖京工程师编写，第 3 章由袁志军编写，第 4 章由江西建筑职业技术学院尹攀编写，第 5 章由孙博编写，第 6 章由新余学院皮玲与曾海明编写，第 7 章由廖菲菲编写，第 8 章由新余学院魏芳与曾雯琳编写，第 9 章由新余学院刘维刚编写，第 10 章由新余学院蒋新新编写。

编者在编写本书过程中参考了许多专家、学者在教学、科研、设计和施工中积累的资料，在此一并表示感谢。

限于编者水平，加之时间仓促，书中难免有疏漏和不妥之处，恳请读者指正。

目　录

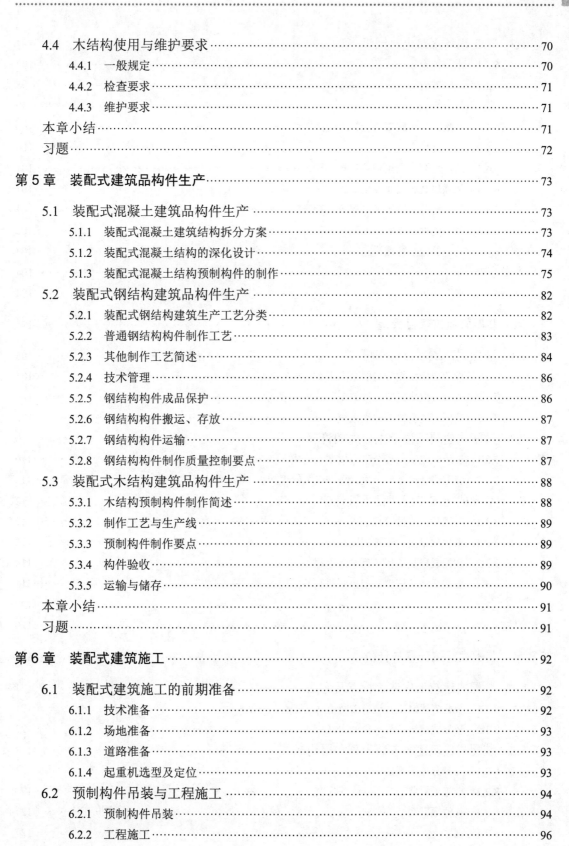

第1章 绪 论

学习目标

通过本章的学习,学生应掌握装配式建筑的概念、装配式建筑的类型及装配式建筑的优缺点;了解国内外装配式建筑发展的历史、我国装配式建筑当前的政策与机遇、装配式建筑未来发展的趋势与特点。

本章重点

装配式建筑的概念,装配式建筑与现浇式建筑的区别,装配式建筑的分类及优缺点。

1.1 装配式建筑的概念、类型与特点

2018 年全国建筑业企业完成总产值 235 086 亿元,同比增长 9.9%,占国内生产总值 900 309 亿元的 26.1%,可见,建筑业仍然是国民经济的支柱产业之一。但我们也应该清醒地看到,我国建筑业当前仍是一个劳动密集型、以现浇建造方式为主的传统产业,传统粗放式的建造模式已不适应我国已进入高质量发展阶段的时代要求,我们需要与国际接轨,快速提高我国建筑业的工业化程度。为此,我国需要大力发展装配式建筑。

1.1.1 装配式建筑的概念

装配式建筑是指结构系统、外围护系统、设备与管线系统、内装系统的主要部分采用预制部品部件集成的建筑。由此可见,装配式建筑的概念不同于装配式结构,其外延大于装配式结构,装配式结构主要指由预制结构构件通过可靠连接方式装配而成的结构体。目前的装配式建筑主要停留在结构系统和外围护系统,设备与管线系统和内装系统则很少采用装配式的理念与方式进行建造,因而严格说来将装配式结构等同于装配式建筑是目前普遍存在的认识上的误区。

预制率及装配率是装配式建筑区别于非装配式建筑特点的两个重要评价指标,目前对这

两个指标（概念）的定义与计算主要可参考《装配式建筑评价标准》（GB/T 51129—2017）给出的方法：预制率定义为工业化建筑室外地坪以上主体结构和围护结构中预制部分的混凝土用量占对应构件混凝土总用量的体积比，计算表达式为

$$预制率 = \frac{结构中预制构件部分的混凝土体积}{对应构件混凝土总体积}$$

同时，《装配式建筑评价标准》（GB/T 51129—2017）还给出了关于装配式建筑的装配率这一指标的概念：工业化建筑中预制构件、建筑部品的数量（或面积）占同类构件或部品总数量（或面积）的比率，计算表达式为

$$装配率 = \frac{结构中预制构件、建筑部品的数量（或面积）}{同类构件或部品的总数量（或面积）}$$

对于上述两个评价指标，《装配式建筑评价标准》（GB 51129—2017）还给出了相应的判别装配式建筑的评价标准：预制率一般要求不低于 20%，装配率一般要求不低于 50%。

1.1.2 装配式建筑的结构类型及连接方式

装配式建筑根据其使用的主要建筑材料可划分为三种结构形式：装配式混凝土结构、装配式钢结构和装配式木结构（图 1.1～图 1.4）。如果从结构的承重方式与传力体系进行分类，则装配式混凝土结构可进一步分为装配式混凝土框架结构、装配式混凝土剪力墙结构、装配式混凝土框架-剪力墙结构；装配式钢结构则可分为钢框架结构、钢框架-剪力墙结构、钢框架支撑结构、钢框架核心筒结构、轻钢龙骨结构；装配式木结构又可分为轻型木结构、胶合木结构、方木原木结构、木组合结构等。

图 1.1 某装配式混凝土结构办公楼

图 1.2 装配式轻钢结构

图 1.3 某装配式模块公厕

图 1.4 装配式木结构

装配式建筑结构构件的连接方式是装配式建筑质量及安全性保障极为重要的一个方面。装配式钢结构的连接方式相对更简单，主要是干式连接，主要包括焊接连接和螺栓连接等方式；装配式混凝土结构的连接方式则更复杂，也更值得关注，其主要可分为两大类，分别是湿式连接和干式连接，其中湿式连接主要用于装配整体式混凝土建筑结构，干式连接主要用于全装配式建筑结构。湿式连接和干式连接又可分别细分为很多种连接方式。其中工程中应用较多的几种连接方式有：①套筒灌浆连接；②浆锚连接；③叠合连接；④后浇筑混凝土连接；⑤螺栓连接；⑥焊接连接；⑦柔性连接。

装配式混凝土结构、钢结构、木结构及其连接方式的特点、设计与施工要求等内容将在后续各章予以详尽介绍。

1.1.3 装配式建筑的特点

装配式建筑的主要特点可概括为设计标准化、生产工厂化、施工装配化、装饰一体化、管理信息化和应用智能化，因此装配式建筑在业内也称为建筑工业化（产业化）。在我国当前经济技术及社会背景下大力推行建筑工业化有其深刻的现实意义。

装配式建筑与传统现浇建筑最大的区别在于，建筑所需的大量构件或部品件可在专门的构件生产厂家内同时（或提前）完成，因而大大减少了建筑施工现场的现浇作业量和施工时间，只需将按标准化（定模）生产或按订单要求加工好的构件在施工现场进行安装（或辅以后浇加强）形成整体建筑。图 1.5 和图 1.6 分别为某装配式钢结构构件生产车间和某装配式混凝土构件生产车间。

图 1.5 某装配式钢结构构件生产车间　　　　图 1.6 某装配式混凝土构件生产车间

因为装配式建筑便于实现工业化生产，所以在建筑设计时可实现设计单元及各品部件的标准化和模数化，现代建筑信息模型（building information model，BIM）技术的应用也促进了大型复杂建筑设计与施工的信息化与标准化的顺利实现，同时建筑的模数化与标准化也为各类型的建筑构件（品部件）实现工厂流水线大量生产奠定了基础。构件生产工厂化以后，按照设计要求，在施工现场就能实现装配化施工（即"搭积木"的方式）。现代施工与管理技术的提升，尤其建筑业提倡的 EPC（engineering-procurement-construction，EPC）模式，为建筑的设计、生产、施工、装饰的一体化提供了更大可能，也使得建筑质量与效率更趋完善。

基于装配式建筑的上述特点，与传统建造方式相比，装配式建筑具有生产效率高、建筑质量高、节约资源、减少能耗、清洁生产、噪声污染小等优点。

1.2 装配式建筑发展历史与现状

1.2.1 古代装配式建筑

装配式建筑古已有之，如古印第安部落的兽皮帐篷（图 1.7）可视作由单个预制构件搭建而成；古希腊的帕特农神庙（图 1.8）可视为装配式的石构建筑；唐代的南禅寺（图 1.9）则是我国古代木结构建筑形式的代表作之一。

图 1.7　古印第安部落的兽皮帐篷

图 1.8　古希腊帕特农神庙

图 1.9　唐代南禅寺木结构建筑

上述结构形式的建筑是古代装配式建筑的主要表现形式。钢结构和混凝土结构的装配式建筑则是近现代才出现的，将在下节予以详细介绍。钢结构建筑的源头是生铁结构建筑，生铁结构构件都是在铸造厂铸造制成的，所以，铁结构构筑物和建筑物从诞生那天起就属于装配式形式。根据已有报道和文献记录，世界上最早的铁结构建筑是建于 1061 年的中国湖北荆州玉泉寺八角形铁塔（图 1.10），高 17.9m，重 53.5t。中国古代还用铁索造桥，云南澜沧江兰津铁索桥初建于 15 世纪末，后遭损毁，于 1681 年清康熙年间重建。四川泸定县大渡河铁索桥（图 1.11）建于 1705 年，宽 2.8m，桥长 100m。这两座铁索桥是世界上现存最早的铁索结构桥梁。

图 1.10　湖北荆州玉泉寺八角形铁塔

图 1.11　四川泸定县大渡河铁索桥

欧洲从 18 世纪下半叶开始用铸铁建造桥梁和建筑，英国是先行者。最早的铁结构桥梁是跨度 30m 的英国的塞文河桥，1779 年建成。最早用于建筑的生铁结构是建于 1786 年的巴黎法兰西剧院的屋顶。之后，生铁结构较多地用于桥梁、建筑物部分构件和花房。

代表西方古代建筑最高艺术成就的石结构建筑，如大型建筑、宫殿、教堂等，主要是在古希腊古罗马的石头柱式结构基础上发展起来的，而石头柱式的源头是木柱。西方教堂无论是罗马式还是哥特式，基本形式都是"巴西利卡"，即中间高两旁低的多跨结构。最初的"巴西利卡"是木结构建筑（图 1.12），在古罗马时期用于公共建筑，它是基督教教堂比较流行的一种建造形式。古代欧洲民居和一些乡间教堂是木结构建筑（图 1.13），农村的房子一般是木结构长屋。欧洲中世纪城镇的大多数建筑也是木结构建筑（图 1.14）。

图 1.12　"巴西利卡"建筑

图 1.13　挪威奥尔内斯木结构教堂

图 1.14　中世纪木结构民居

东方古代建筑采用木结构作为主要建筑形式，其技术与艺术最为成熟，又以中国古代建筑技术达到巅峰代表。中国古代的宫殿、寺庙、园林等建筑均以木结构为主，民居建筑也有许多木结构建筑。如前所述的南禅寺，是国内现存最早的唐代木结构建筑；图 1.15 所示的应县木塔，建于 1056 年，高 67.31m，9 层，是现存的世界上最早的高层木结构塔式建筑；图 1.16 所示的北京故宫建筑群则代表了东方古代建筑的最高成就。

中国古代许多民居也是木结构建筑，至今一些地方还保存有几百年甚至上千年历史的木结构老建筑（图 1.17）。中国古代木结构建筑以原木、方木为主要结构材料，以柱、斗拱、枋、梁、檩、椽等构件组成木结构骨架。其中，斗拱（图 1.18）是非常有特色的集成式构件，既是结构柱子的"柱头"，减少了梁的跨度和悬挑长度，又是建筑艺术的重要元素。卯榫则是装配式木结构连接点。

图 1.15　应县木塔

图 1.16　北京故宫太和殿

图 1.17　浙江乌镇木结构老建筑

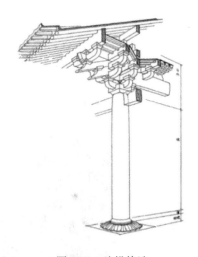

图 1.18　斗拱构造

1.2.2 现代装配式建筑

1. 国外现代装配式建筑的发展

人类历史上第一座具有现代意义的建筑就是装配式建筑，1851 年英国万国博览会用铸铁和玻璃建造的主展馆——水晶宫（图 1.19），长 564m，宽 124m，所有铁柱和铁架都在工厂预先制作好，到现场进行组装。整个建筑所用玻璃都是一个尺寸，为 124cm×25cm（当时所能生产的最大规格玻璃尺寸），铸铁构件以 124cm 为模数制作，达到高度的标准化和模数化。装配式钢铁结构另一典型代表，也是高层建筑的里程碑，是埃菲尔铁塔（图 1.20），它是人类建筑进入新时代的象征，是超高层建筑的第一个样板。

19 世纪后半叶，钢铁结构建筑的材质从生铁到熟铁再到钢材，进入快节奏发展期。进入 20 世纪后，钢铁结构建筑更是进入高速发展时代。1890 年，由芝加哥建筑学派先行者詹尼设计的芝加哥曼哈顿大厦（图 1.21）建成，这座 16 层的住宅是当时世界上第一栋高层装配式钢铁结构建筑，保留至今。

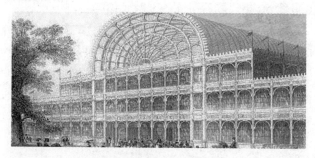

图 1.19　英国水晶宫

图 1.20　巴黎埃菲尔铁塔

图 1.21　芝加哥曼哈顿大厦

现代装配式钢铁结构技术的发源与应用起始于欧洲，而在美国得以发扬光大。1913 年建成的纽约伍尔沃斯大厦（图 1.22）高 241m，铆接钢结构，石材外墙。伍尔沃斯大厦拔地而起，高耸入云，令人震撼。自伍尔沃斯大厦建成之后，摩天大楼越来越多，高度不断刷新，现在世界上最高的迪拜哈利法塔（图 1.23），高度已经达到 828m。高耸结构大多数是装配式钢结构建筑。

图1.22 纽约伍尔沃斯大厦

图1.23 迪拜哈利法塔

从19世纪50年代直到20世纪50年代，长达100年的时间里，现代装配式建筑主要是钢铁结构的建筑，20世纪50年代以后装配式混凝土结构才逐渐发展起来并占据主要地位。著名的代表性建筑，如1964年建成的费城社会领公寓（图1.24，贝聿铭设计），由3座装配式混凝土单体高层建筑组成，建筑质量较好，被视为装配式建筑高效率、低成本的代表作之一；1957年建成的悉尼歌剧院（图1.25），其屋顶曲面薄壳采用的是装配式叠合板，外围护墙体采用的是装饰一体化外挂墙板，使得富有想象的建筑造型得以实现，成为世界知名建筑。

图1.24 费城社会领公寓

图1.25 悉尼歌剧院

欧洲、韩日和北美等经济较发达地区的装配式建筑近年来发展较快，但也各有其特点，欧洲装配式建筑主要用于多层、低层建筑，以框架结构为主，装配自动化程度及装配式机械设备与构件制造较发达；日本在装配式混凝土建筑方面应用较多，相应技术也较为领先和成熟，其很多高层混凝土建筑采用的是装配式，在低层住宅建筑（尤其是别墅）中则主要采用轻钢结构；韩国、新加坡等经济发达的国家装配式建筑的发展情况与日本类似，但普及率略逊于日本；北美国家装配式混凝土建筑不多，相对来说，装配式木结构建筑更多，但北美在全装配式建筑方面的研究与应用更多，建筑预制构件间的连接方式多采用螺栓连接，也有的采用焊接方式。

近年来，现代装配式木结构建筑方面也有了较大发展。随着木材这种建筑材料的全新发展，除天然木材外，诸如结构胶合材、层板胶合材、木"工"字形梁和木桁架等新型木产品也随之出现。木结构建筑也经历着惊人的转变，一系列现代木结构的建筑方法和建筑体系应运而生，并且突破了传统木结构的桎梏，甚至已经形成产业化的发展格局。日本的第一个预制框架胶合木结构建筑已经有近 50 年的历史，其技术特点主要是钉、胶连接相结合，预制体系一体化和硬壳式构造，并经过剪力墙水平抗震对比试验、三层房屋结构拟静力试验、足尺三层房屋振动台试验等一系列房屋工作性能的试验，禁受住了南极极地气候和 60m/s 风速的考验。除此之外，轻型木结构体系、现代梁柱木结构体系和一些其他的木结构体系也被广泛采用。

2. 国内现代装配式建筑的发展

国内现代装配式建筑的发展之路可谓一波三折，经历发展、高潮、停滞、再发展的过程，总体说来与建筑技术的发展及国家政策紧密相关。发展过程主要有下面几个阶段。

（1）起源：大约在 20 世纪 50 年代末至 60 年代中期，这一阶段主要学习苏联装配式方面的技术与经验，如引入拉姑钦科薄壁深梁式装配式混凝土大板建筑，应用在 3～5 层多层住宅建筑中，目的是解决我国住宅建筑严重不足的问题；此外，在重点工业厂房建设中借鉴苏联的技术短期内建设了较多的国家发展急需的装配式工厂厂房。

（2）第一次发展高潮：20 世纪 70 年代末至 80 年代末，鉴于我国的国情，我国非常重视建筑工业化的发展，以全装配大板居住建筑为代表，包括钢筋混凝土大板、少筋混凝土大板、振动砖墙板、粉煤灰大板等多种形式。这一期间建筑总建造面积约为 700 万 m^2，其中以北京为最，约为 386 万 m^2。主要借鉴苏联和东欧的技术，受当时的技术、材料、工艺和设备等条件的限制，其防水、保温隔热、隔声等物理性能问题导致渗、漏、开裂等现象，发展受到阻碍，尤其是装配式建筑在整体性能和抗震方面显现的难以解决的缺点影响了其进一步发展，而 1976 年唐山地震更是对我国装配式建筑的全国广泛推广带来较大影响。

（3）停滞期：20 世纪 90 年代初开始的近 20 年时间内，我国装配式建筑基本上完全被现浇结构取代，有关装配式建筑的研究及应用在我国建筑领域基本消亡。总结其主要原因，有以下几点：①结构追求全预制，在建筑高度、建筑形式、建筑功能等方面有较大局限；②受当时的经济条件制约，建筑机具设备和运输工具落后，运输道路狭窄，无法满足相应的工艺要求；③受当时的材料和技术水平的限制，预制构件接缝和节点处理不当，引发渗、漏、裂等问题；④节点抗震性能不过关、高度受限、耐久性差；⑤20 世纪 80 年代大量廉价劳动力涌入建筑行业从事现场浇筑施工作业，使得有一定难度的装配式结构缺乏性价比优势，导致其发展停滞。

（4）再次迅速发展时期：最近十年，由于劳动力数量下降和成本提高，以及建筑业对"绿色、节能、环保、可持续发展"理念的要求，装配式混凝土建筑作为建筑产业现代化的主要形式，又开始迅速发展。迅速发展的基础得益于：①为避免重蹈覆辙，国内众多企业、高等院校、大专院校、研究院开展了比较广泛的研究和工程实践；②在引入欧美、日本等发达国家技术的基础上，完成了大量的理论研究、结构试验研究、生产装备和工艺研究，初步开发了一系列适用于我国国情的建筑结构技术体系；③相关的工程建设标准相继制定并颁布实施，如国家标准《装配式混凝土建筑技术标准》（GB/T 51231—2016）、《建筑模数协调标准》（GB/T 50002—2013），行业标准《装配式混凝土结构技术规程》（JGJ 1—2014）、《钢筋连接用套筒灌浆料》（JG/T 408—2013）等。

当前，日本、美国、瑞典等国家的建筑工业化率都在 70%～80%，而我国建筑工业化率仅有 5%。相比于发达国家，我国建筑业仍处在非常低的工业化水平。

中国的城镇化进程是发展的大趋势，建筑业仍将是最为受益的行业之一，而建筑工业化率也将随着建筑业的发展得到快速的提升。

此外，我国木结构建筑也正处于全面复苏阶段，一大批专家、学者已经投入到装配式木结构的探索研究中，装配式木结构用于实际工程的实例也接踵而至。例如，某论坛服务中心的 7 个国际会所均采用了木结构整体装配技术，该项目结构形式主要为轻型木结构和胶合木结构，且各单体建筑风格多样、形式丰富、生产标准、安装高效、环保低碳、融入自然。同时实现了施工过程中的节能低碳，是一种生产规范标准化、节能环保可持续的结构体系。

3. 国内装配式建筑政策及新机遇

2008 年以来，受国际上装配式建筑发展的影响，国家各层面又重启对建筑产业化发展的重视。首先，各地政府强制推进装配式建筑的措施相继出台，例如：2010 年，北京市出台《关于产业化住宅项目实施面积奖励等优惠措施的暂行办法》；2011 年，沈阳市出台《关于加快推进现代建筑产业化发展指导意见的通知》和《沈阳市推进装配式建筑工程建设暂行办法》；2013 年，上海市出台《关于本市进一步推进装配式建筑发展的若干意见》；2014 年，江苏省出台《关于加快推进建筑产业现代化促进建筑产业转型升级的意见》等。各地建造的装配式建筑房屋也如雨后春笋般纷纷涌现，如上海万科新里程 20、21 号楼（图 1.26），合肥市包河新区蜀山装配式公租房（图 1.27）等。随后，国家层面颁布的众多促进建筑产业化发展的文件也相继出台，从 2013 年国家发展改革委员会、住房和城乡建设部（以下简称住建部）联合发布《绿色建筑行动方案》开始，国家密集颁布关于推广装配式建筑的政策文件，关于装配式建筑的政策东风接连不断。在发展规划、标准体系、产业链管理、工程质量等多个方面作出了明确要求。以下就最近几年国务院（各部委）出台的重要政策和文件说明如下。

图 1.26　上海万科新里程 20、21 号楼　　　　图 1.27　合肥市包河新区蜀山装配式公租房

国务院办公厅印发的〔2014〕23 号文件《2014—2015 年节能减排低碳发展行动方案》要求：以住宅为重点，以建筑工业化为核心，加大对建筑部品生产的扶持力度，推进建筑产业现代化；住建部发布的文件《工程质量治理两年行动方案》（建市〔2014〕130 号）在今后的六项重点工作任务中第四项明确提出了大力推动建筑产业现代化的任务；随后住建部发布的文件《关于推进建筑业发展和改革的若干意见》（建市〔2014〕92 号）在发展目标中明确提出了转变建筑业发展方式，推动建筑产业现代化的要求；中共中央、国务院印发的文件《国家新型城镇化发展规划》（2014—2020 年）明确提出"大力发展绿色建材，强力推进建筑工业化"的总方向和目标；2015 年 3 月 24 日，中共中央政治局召开会议，审议通过《关于加快推进生态文明建设的意见》，其中有关于装配式建筑及建筑产业化的表述"严格执行建筑节能标准，加快推进既有建筑节能和供热计量改造，从标准、设计、建设等方面大力推广可再生能源在建筑上的应用，鼓励建筑工业化等建设模式"；2016 年 2 月 6 日，国务院发布《关于进一步加强城市规划建设管理工作的若干意见》，要求力争用 10 年左右时间，使装配式建筑占新建建筑的比例达到 30%，积极稳妥推广钢结构建筑。至此，对装配式建筑的建设比例和速度有了明确的要求，推进力度明显在增强。2016 年 9 月 27 日，国务院发布《国务院办公厅关于大力发展装配式建筑的指导意见》（国办发〔2016〕71 号），则将装配式建筑的发展推向了一个高潮。该政策文件要求"以京津冀、长三角、珠三角三大城市群为重点推进地区，常住人口超过 300 万的其他城市为积极推进地区，其余城市为鼓励推进地区，因地制宜发展装配式混凝土结构、钢结构和现代木结构等装配式建筑。力争用 10 年左右的时间，使装配式建筑占新建建筑面积的比例达到 30%"。该政策文件同时指出，针对不同地区，以三种力度的方式推进，分别是"重点推进"、"积极推进"和"鼓励推进"。

从国务院近年来出台有关装配式建筑相关文件来看，主要制定了我国装配式建筑的发展规划和发展路径。从目标上看，我国力争到 2025 年，使装配式建筑占新建建筑的比例达到 30%；从类型上看，我国将大力发展装配式混凝土和钢结构建筑，在具备条件的地方倡导发展现代木结构建筑。从住建部出台文件来看，则是进一步完善了发展装配式建筑的技术标准，在 2018 年 3 月又积极倡导 BIM 技术在装配式建筑上面的运用。随后，全国 30 多个省（自治区、直辖市）已出台装配式建筑发展目标及保障政策，加大相关扶持力度，不少地方更是对装配式建筑的发展提出了明确要求，装配式建筑在未来几年将持续升温。例如，江苏、四川两省，发文提出到 2020 年装配式建筑装配化率达到 30% 以上。江西省政府下发的《关于推进装配式建筑发展的指导意见》指出，到 2018 年，全省采用装配式施工的建筑占同期新建建筑的比例达到 10%，其中，政府投资项目达到 30%；到 2020 年，全省采用装配式施工的建筑占同期新建建筑的比例达到 30%，其中，政府投资项目达到 50%；到 2025 年底，全省采用装配式施工的建筑占同期新建建筑的比例力争达到 50%，符合条件的政府投资项目全部采用装配式施工。湖南省政府出台的《关于加快推进装配式建筑发展的实施意见》，要求 2017 年全省装配式建筑的占比要达到 10%～15%，到 2020 年全省市州中心城市装配式建筑占新建建筑比例要达到 30% 以上，其中长沙市、株洲市、湘潭市三市中心城区达到 50% 以上。

在出台相关指导意见的基础上，各地对发展装配式建筑的保障、支持与奖励政策也纷纷响应出台，如北京规定：①对于未在实施范围内的非政府投资项目，凡自愿采用装配式建筑并符合实施标准的，给予实施项目不超过 3% 的面积奖励；②对于实施范围内的预制率达到 50% 以上、装配率达到 70% 以上的非政府投资项目予以财政奖励；③享有增值税即征即退优惠政策；④采用装配式建筑的商品房开发项目在办理房屋预售时，可不受项目建设形象进度要求的限制。江西省的政府优惠与支持政策主要体现在以下几方面：①优先支持装配式建筑产业和示范项目用地；②招商引资重点行业；③容积率差别核算；④税收优惠；⑤资金补贴和奖励。

此外，近年来，国家和住建部在装配式建筑标准及图集编制方面也积极推进，《装配式混凝土建筑技术标准》（GB/T 51231—2016）、《装配式钢结构建筑技术标准》（GB/T 51232—2016）、《装配式木结构建筑技术标准》（GB/T 51233—2016）、《装配式建筑评价标准》（GB/T 51129—2017）四个国家标准已经颁布实施。再加上已经实施的《装配式建筑工程消耗量定额》（TY01-01(01)-2016）、《装配式混凝土结构技术规程》（JGJ 1—2014）、《装配式混凝土结构住宅建筑设计示例（剪力墙结构）》（15J939-1）、《装配式混凝土结构连接节点构造》（15G310-1、15G310-2）、《预制混凝土剪力墙外墙板》（15G365-1）、《预制混凝土剪力墙内墙板》（15G365-2）、《桁架钢筋混凝土叠合板（60mm 厚底板）》（15G366-1）、《预制钢筋混凝土板式楼梯》（15G367-1）、《预制钢筋混凝土阳台板、空调板及女儿墙》（15G368-1），以及各地区编制实施的地方标准，形成了装配式建筑项目实施标准体系。目前，在编的装配式建筑相关行业标准、地方标准，以及学会、协会标准上百部，相信会对装配式建筑全产业链发展起到很好的规范和导向作用。

1 | 3 　装配式建筑的未来发展

装配式建筑是建筑业产业结构转型升级的必然要求，也是建筑业未来发展的必然方向。它是解决质量、安全、效益、节能、环保、低碳问题的有效途径，也是解决劳动力短缺、劳动力成本提高等问题的必然选择，更是解决产业链之间相互脱节、生产方式落后等问题的有效办法，为推动建筑业转型升级、新型城镇化发展、节能减排战略作基础保障。

1.3.1 装配式建筑发展的瓶颈与不足

进入 21 世纪第二个十年以来，我国的装配式建筑发展明显进入了高速的发展时期，在国家层面及各地的政策支持下，相关的理论与技术短期内都取得较大进展。目前，全国已有近百个国家住宅产业化基地，十余个住宅产业化试点城市，行业整体呈现出蓬勃发展的状态。综合各方面情况来看，大力推进装配式建筑和建筑产业化的发展已经成为普遍趋势，但仍然存在一些制约装配式建筑发展的瓶颈，主要有以下几方面。

（1）由于发展滞后及发展过程曲折，且受制于设备与技术方面的落后，我国装配式混凝土建筑在许多方面相较于发达国家仍存在不足之处，反映在造价上也比普通现浇混凝土建筑造价更高（约 300 元/m²）。

（2）目前的设计、施工、管理人员技术、意识跟不上，缺乏精细化施工习惯，预制产品粗制滥造。例如，现场施工时要求放线准确、标高测量精确，否则影响安装和拼接；对预留孔洞位置、尺寸精度要求非常高，稍有差异则需重新开槽、开洞，增加施工难度，甚至影响结构安全可靠性；对工厂化的预制构件尺寸与质量要求也非常精确，存在偏差可能会导致拼装时易产生缝隙过大或不均匀的现象。因而，目前的装配式行业队伍水平还有待提升，复合型人才稀少，产业工人队伍还没形成。

（3）现浇改预制装配后带来的很多新技术问题，目前还没较好地解决。尤其是连接节点技术问题尚未完美解决，决定装配式建筑整体性和抗震性提高的关键就是节点连接的质量与可靠性；目前常用的套筒灌浆和浆锚搭接在工程实践中却存在较多的问题，成为施工中的痛点、软肋；整体性能与抗震性能的不足也是严重制约装配式建筑发展与推广最重要的一个因素。

（4）质量检测技术手段欠缺，验收标准、规范缺乏；装配式仅停留在结构体系的装配上，对于内装和设备管线系统缺少考虑。

（5）国家与地方相应的法规、政策及体制、机制还不完善，缺少系统顶层设计；缺少配套监管机制；产业化管理模式还没形成。标准化设计、模数协调机制的规范化及各类技术标准、技术方案与措施的制定还不够成熟和健全，对于标准化节点方面的研发不够。目前，各地方、公司自成体系，缺乏全国性统一的尺寸、型号、规格等，影响批量生产和通用性，也影响建筑的产业化发展。

（6）产业化与个性化、复杂化的冲突难以解决。装配式建筑须建立在规格化、模数化和标准化的基础上，对于个性化突出且重复元素少的建筑不大适应，故装配式建筑在实现建筑个性化方面难度较大；此外，装配式建筑比较适合于简单的建筑立面，对于里出外进较多的建筑，则较难实现。

1.3.2 装配式建筑未来发展的方向

毫无疑问，装配式建筑是今后建筑产业发展的大趋势，我们必须适应新形势的需要、迎接新的挑战，努力解决目前存在的一些问题和不足，尽快推动装配式建筑发展。具体说来，在装配式建筑方面今后努力发展或解决问题的方向主要有以下几方面。

1．模块化与建筑制造一体化将成建筑业主导趋势

建筑业正面临严重的技能短缺问题，并需应对日益增长的全球化挑战，据悉，未来 30 年中国适龄从业人口将缩减至 180 万。国际劳工组织预测：到 2030 年中国的劳动力短缺将占目前适龄人口的 24%。在英国未来 10 年内将有 40 万技术工人从建筑行业退休。美国通用承包商协会（Associated General Contractors of America，AGC）揭露：1400 家公司中有 86% 未能解决现有的职位空缺，其中木工和混凝土工人高居榜首。技能短缺将驱使建筑行业采用新的技术和商业模式，这就是装配式建筑，通过制造与建筑的结合开辟了新的技术、模式与市场。GSK（葛兰素史克）的"盒装工厂"就是这样一个模块化建筑。解决技能、人力短缺的另一个方式是大力发展建筑制造一体化，使建筑结构（构件）生产、安装施工、（内外）装饰实现一体化。随着建筑制造一体化的出现，部分传统承包商将在未来 5 年内消失。加拿大蒙特利尔著名的"盒子建筑"就是这样一种模块化的建筑，该建筑群由预制钢筋混凝土制作的 354 个盒子组成了包括商店等公共设施的综合性住宅区，如图 1.28 所示。2012 年新西兰基督城地震后重建时搭建的以涂色集装箱形成的商业街区也是典型的模块化建筑的成功案例，如图 1.29 所示。

图 1.28　加拿大蒙特利尔的"盒子建筑"　　　图 1.29　新西兰基督城集装箱建筑

2．加强设计技术体系及关键技术的完善

目前的一体化、标准化设计的关键技术方法滞后，构件连接节点干法连接关键技术远未成熟，设计、加工、装配环节脱节，技术系统集成较为欠缺，今后应加大力度开展这方面的研究工作，创新关键技术及体系。

3．研究构件高效吊装与安装控制的关键技术

装配式建筑的最大特点是将工厂化预制好的构件在施工现场进行安装拼接，因而构件的高效吊装和高精度安装非常重要。今后的研究工作应重点包括建筑施工全过程公差控制理论的研究、建筑构件高效高精度生产控制技术的研究、构件高效高精度安装定位自动化控制技术的研究、自动化吊装安装装备的研发等几个方面的工作。

4．装配式组合结构的发展

装配式组合结构建筑按预制构件材料的组合方式可以分为混凝土+钢结构、混凝土+木结

构、钢结构+木结构、其他结构组合（如"纸管"结构与集装箱组合的建筑等）。装配式组合结构能获得单一材料装配式结构无法实现的某些功能或效果。装配式组合结构给了设计师更灵活的选样性，建筑师和结构工程师在选用时就赋予它特殊的意义。装配式组合结构具有的优点包括：①可以更好地实现建筑功能。例如，装配式混凝土建筑采用钢结构屋盖，可以获得大跨度无柱空间；钢结构建筑采用预制混凝土夹心保温外挂墙板，可以方便地实现外围护系统建筑、围护及保温等功能的一体化。②可以更好地实现艺术表达。例如，木结构与钢结构或混凝土结构组合的装配式建筑，可以集合两者（或三者）优势，以获得更好的建筑艺术效果。③可以使结构优化。例如，希望质量小、抗弯性能好的地方可以使用钢结构或木结构构件；希望抗压性能好或减少层间位移的地方就使用混凝土预制构件（precast concrete，简称 PC 构件）等。④可以使施工更便利。例如，装配式混凝简体结构，其核心区柱子为钢柱，施工时作为塔式起重机的基座，随层升高，非常便利。

5. 智能建筑发展方向

智能建筑国际上定义为：指通过将建筑物的结构、系统、服务和管理根据用户的需求进行最优化组合，从而为用户提供一个高效、舒适、便利的人性化建筑环境。智能建筑是集现代科学技术之大成的产物。其技术基础主要由现代建筑技术、现代计算机技术、现代通信技术和现代控制技术所组成。

国内定义智能建筑为：以建筑物为平台，兼备信息设施系统、信息化应用系统、建筑设备管理系统、公共安全系统等，集结构、系统、服务、管理及其优化组合为一体，向人们提供安全、高效、便捷、节能、环保、健康的建筑环境。

智能建筑的基本功能主要由三大部分构成，即建筑设备自动化（building automation，BA）、通信自动化（communication automation，CA）和办公自动化（office automation，OA），它们是智能化建筑中必须具备的基本功能，从而形成"3A"智能建筑。

《2013—2017 年中国智能建筑行业市场前瞻与投资战略规划分析报告》显示，我国建筑业产值的持续增长推动了建筑智能化行业的发展，智能建筑行业市场在 2005 年首次突破200 亿元之后，也以每年 20%以上的增长态势发展，2016 年我国智能建筑市场规模达到 1853亿元。我国智能建筑行业仍处于快速发展期，随着技术的不断进步和市场领域的延伸，未来几年智能建筑市场前景仍然巨大。预计到 2022 年，我国智能建筑在新建建筑中的比例有望达到 57%左右，国内智能建筑市场规模将达到 4168 亿元。

智能建筑是随着人类对建筑内外信息交换、安全性、舒适性、便利性和节能性的要求产生的。智能建筑及节能行业强调用户体验，具有内生发展动力。建筑智能化提高客户工作效率，提升建筑适用性，降低使用成本，已经成为发展趋势。同时，我国城镇化建设的不断推进，也给智能建筑的发展提供了条件。我国平均每年要建 20 亿 m^2 左右的新建建筑，预计这一过程还要持续很多年。

近年来，智能一体化设计逐渐在智能建筑行业兴起。简单来说，智能建筑一体化，就是将庞杂的智能控制系统集成在一起，做到标准统一、施工方法统一。这样，系统的稳定性、可靠性都将大大增加。

影响智能建筑今后发展的因素较多，但值得特别关注的是，在接下来的发展之路上，智能建筑必须融入智慧城市建设，这也可认为是智能建筑的"梦"。

随着新一代信息技术的发展和国家"新四化"（新型工业化、信息化、城镇化、农业现代化）的推进，特别是在新型城镇化目标的指导下，为了破解城镇化带来的各种"城市病"，智慧城市建设时不我待。

本 章 小 结

　　本章主要介绍装配式建筑的起源、概念、特点、结构类型及发展历史与趋势，通过对本章内容的了解或熟悉，为学习后续各章打下基础。学生在学习时应强调理解基本概念、掌握要点即可，不必死记硬背。

习 题

1. 什么是装配式建筑？
2. 装配式建筑的优缺点分别是什么？
3. 装配式建筑包括哪些结构形式？
4. 装配式混凝土结构的连接方式有哪些？
5. 什么是预制率和装配率？
6. 试述国内装配式建筑发展的几个阶段。
7. 影响装配式建筑发展的瓶颈有哪些？
8. 为什么说我国装配式建筑的发展迎来新的机遇？

第2章　装配式混凝土结构建筑

学习目标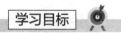

　　通过本章的学习，学生应掌握装配式混凝土结构的分类及特点；熟悉装配式框架结构、装配式剪力墙结构的布置原则、构造要求和连接方式；了解内隔墙、预制楼梯及预制阳台等非结构构件的组成、制作与施工特点。

本章重点

装配式混凝土结构的分类、组成、连接方式及特点。

2.1　装配式混凝土结构建筑概述

2.1.1　装配整体式混凝土结构

　　装配整体式混凝土结构是由预制混凝土构件或部件通过钢筋、连接件或施加预应力加以连接并现场浇筑混凝土而形成整体的结构。它结合了现浇整体式和预制装配式两者的优点，既节省模板、降低工程费用，又可以提高工程的整体性和抗震性，在现代土木工程中得到广泛的应用。虽然装配整体式混凝土结构的建造方式与现浇混凝土有所不同，但是装配整体式混凝土结构设计的主要方法还是参考现浇混凝土结构，其性能需与现浇混凝土结构基本等同。

　　如何保证装配整体式混凝土结构的性能与现浇混凝土结构基本等同？从结构整体分析上来讲，装配整体式混凝土结构采用与现浇结构相同的分析方法。在构造方面，国家标准《装配式混凝土建筑技术标准》（GB/T 51231—2016）规定，装配整体式混凝土结构应采取措施保证结构的整体性，对高层建筑装配整体式混凝土结构还需要符合以下规定：

　　（1）当设置地下室时，宜采用现浇混凝土；

　　（2）剪力墙结构和部分框支剪力墙结构底部加强部位宜采用现浇混凝土；

　　（3）框架结构的首层柱宜采用现浇混凝土；

（4）当底部加强部位的剪力墙、框架结构的首层柱采用预制混凝土时，应采取可靠的措施；

（5）结构转换层和作为上部结构嵌固部位的楼层宜采用现浇楼盖。

实际工程中，为保证装配整体式结构的整体性，构件间的连接一般采用湿连接，楼板采用现浇楼板或叠合楼板，钢筋接头采用Ⅰ级接头等。

2.1.2　全装配式混凝土结构

全装配式混凝土结构是指装配式混凝土结构中不满足装配整体式要求的装配式混凝土结构。全装配式建筑结构中抗侧力体系预制构件之间的连接，部分或全部通过干式节点进行连接，没有或者有较少的现浇混凝土，楼板一般采用全预制楼板。从图 2.1 中可以看出，预制梁与预制柱的连接，可采用牛腿连接、螺栓连接或暗牛连接等；预制梁间采用螺栓连接或企口连接；预制柱采用螺栓连接或套筒灌浆连接；预制楼板间、预制楼板与主体结构间多采用连接件进行焊接连接。

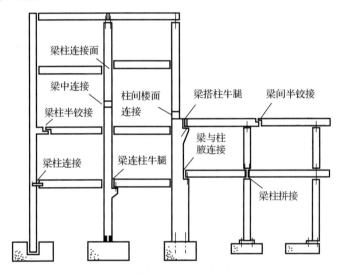

图 2.1　全装配式框架构件连接示意图

干连接是指预制构件间连接不属于湿连接的连接方法，通过在预制构件中预埋不同的连接件，然后在工地现场用螺栓、焊接等方式按照设计要求完成组装，如图 2.2 所示。与湿连接相比，干连接不需要在施工现场使用大量现浇混凝土或灌浆，安装较为方便、快捷。与所连接的构件相比，干连接刚度较小，构件变形主要集中于连接部位，当构件变形较大时，连接部位会出现一条集中裂缝，这与现浇混凝土结构的变形行为有较大差异。干连接在国外装配式结构中应用较为广泛，但在我国的装配式混凝土实际工程中应用较少。

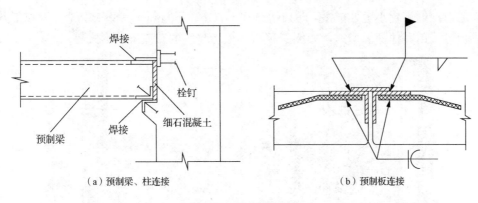

（a）预制梁、柱连接　　　　　　　　（b）预制板连接

图 2.2　干连接示意图

2.2　装配式混凝土结构的设计

本书主要介绍装配式混凝土框架结构和装配式剪力墙结构。

2.2.1　装配式混凝土框架结构

1．装配式混凝土框架结构布置的基本原则

装配式混凝土框架结构是由预制梁、板、柱通过可靠方式进行连接并在现场后浇混凝土或水泥基灌浆料形成整体的框架结构体系。框架结构梁柱交界处通常为刚接，有时部分节点做成铰接或半铰接。为利于框架结构受力，框架梁宜拉通、对直，框架柱宜纵横对齐、上下对中，梁柱轴线宜在同一竖向平面内。

装配式混凝土框架结构主要由梁和柱通过节点构成承载的结构体系，如图 2.3 所示。框架形成可灵活布置的建筑空间，使用较方便。框架结构抗侧刚度较小，在水平力作用下将产生较大的侧向位移，在强震下结构整体位移和层间位移都较大。此外，非结构性破坏（如填充墙、建筑装修和设备管道等破坏）较严重，因而其主要适用于非抗震区和层数较少的建筑；抗震设计时除需加强梁、柱和节点的抗震措施外，还需注意填充墙的材料及填充墙与框架的连接方式等。

2．装配式混凝土框架结构的构造要求

1）叠合梁

在装配整体式框架结构中，当使用叠合梁形式（图 2.4）时，框架梁的后浇混凝土叠合层厚度不宜小于 150mm，次梁的后浇混凝土叠合层厚度不宜小于 120mm；由于在装配式混凝土结构中，楼板一般采用叠合板，梁、板的后浇层是一起浇筑的，当板的总厚度小于梁的后浇层厚度要求时，为增加梁的后浇层厚度，可采用凹口形截面预制梁。当采用凹口截面预制梁时，凹口深度不宜小于 50mm，凹口边厚度不宜小于 60mm；某些情况下，为施工方便，预制梁也可采用其他截面形式，如倒 T 形截面或者传统的花篮梁的形式等。

（a）实物图

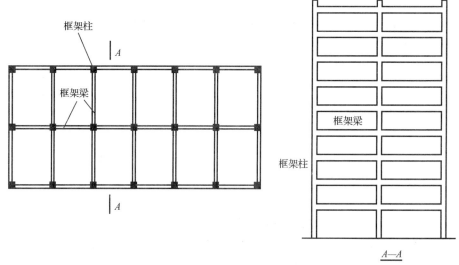

（b）示意图

图 2.3　装配式混凝土框架结构

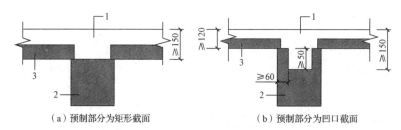

（a）预制部分为矩形截面　　　　　　　（b）预制部分为凹口截面

1—叠合层；2—预制梁；3—叠合层或现浇板。

图 2.4　叠合梁截面

叠合梁的箍筋配置的规定如下：

（1）抗震等级为一、二级的叠合梁的梁端箍筋加密区应采用整体封闭箍筋。

（2）采用组合封闭箍筋的形式时，开口箍筋上方应做成不小于 135°弯钩。非抗震设计时，弯钩端头平直段长度不应小于 $5d$（d 为箍筋直径）；抗震设计时，平直段长度不应小于 $10d$，如图 2.5 所示。

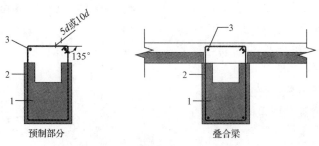

1—预制梁；2—预制箍筋；3—上部纵向钢筋。

图 2.5 叠合梁箍筋构造示意

实际上，在施工条件允许的情况下，叠合梁的箍筋形式均宜采用闭口箍筋。当采用闭口箍筋不便于安装上部纵筋时，可采用组合封闭箍筋，即开口箍筋加箍筋帽的形式。

2）叠合楼板

叠合楼板是由预制板和现浇钢筋混凝土层叠合而成的装配整体式楼板。预制板既是楼板结构的组成部分之一，又是现浇钢筋混凝土叠合层的永久性模板，现浇叠合层内可敷设水平设备管线，如图 2.6 所示。叠合楼板整体性好，刚度大，可节省模板，而且板的上下表面平整，便于饰面层装修，适用于对整体刚度要求较高的高层建筑和大开间建筑。叠合楼板跨度一般为 4～6m，最大跨度可达 9m。

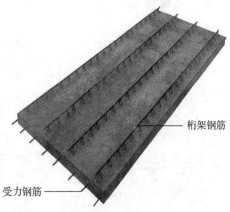

桁架钢筋

受力钢筋

图 2.6 预制板示意图

叠合楼板具有以下优点：

（1）叠合楼板具有良好的整体性和连续性，有利于增强建筑物的抗震性能。

（2）在高层建筑中叠合板和剪力墙或框架梁间的连接牢固，构造简单。

（3）叠合板的平面尺寸灵活，便于在板上开洞，能适应建筑开间、进深多变和开洞等要求，建筑功能好。

（4）节约模板。

（5）薄板底面平整，建筑物顶棚不必进行抹灰处理，可减少室内湿作业，加速施工进度。

（6）单个构件质量小，弹性好，便于运输安装。

3）预制混凝土柱

预制混凝土柱的设计应符合国家标准《混凝土结构设计规范（2015 年版）》（GB 50010—2010）的要求，并应符合下列规定：

（1）预制混凝土框架柱的纵筋连接宜采用套筒灌浆连接；套筒之间的净距不应小于 25mm。

（2）预制混凝土柱纵向受力钢筋直径不宜小于 20mm；箍筋的混凝土保护层厚度不应小于 20mm。当灌浆套筒长度范围外柱混凝土保护层厚度大于 50mm 时，宜对保护层采取有效的构造措施。

（3）矩形柱截面宽度或圆柱直径不宜小于 400mm，且不宜小于同方向梁宽的 1.5 倍。

（4）柱纵向受力钢筋在柱底采用套筒灌浆连接时，柱箍筋加密区长度不应小于纵向受力钢筋连接区域长度与 500mm 之和；套筒上端第一道箍筋距离套筒顶部不应大于 50mm。

（5）柱加密区高度为柱端，取截面高度（圆柱直径）、柱净高的 1/6 和 500mm 三者的最大值；底层柱的下端不小于柱净高的 1/3，刚性地面上下各 500mm；剪跨比不大于 2 的柱、因设置填充墙等形成的柱净高与柱截面高度之比不大于 4 的柱、框支柱、一级和二级框架的角柱，取全高。

同时，预制混凝土柱与后浇混凝土叠合层之间的结合面应设置粗糙面，粗糙面的面积不宜小于结合面的 80%，预制混凝土柱柱顶也应设置粗糙面，粗糙面的凹凸深度不应小于 6mm。如果预制构件的结合面设置了抗剪钢筋，则可根据可靠经验或试验适当减小粗糙面的凹凸尺寸。

2.2.2　装配式混凝土剪力墙结构

1. 装配式混凝土剪力墙结构布置的基本原则

装配式混凝土剪力墙结构由预制剪力墙（或现浇剪力墙）和叠合楼板、外墙板、楼梯、阳台等构件组成，采用工厂化批量生产，运至施工现场后，通过现浇混凝土剪力墙和叠合楼板将外墙板、楼梯、阳台等连接形成整体，其连接节点通过后浇混凝土结合，水平向钢筋通过机械连接和其他方式连接，竖向钢筋通过钢筋灌浆套筒连接或其他方式连接。

在装配式混凝土剪力墙结构中，各预制墙体的受力与现浇剪力墙结构中墙体的受力基本相同，其布置原则与现浇剪力墙结构一致，即需满足以下要求：

（1）应沿两个方向布置剪力墙；

（2）剪力墙的截面宜简单、规则；

（3）预制墙的门窗洞口宜上下对齐、成列布置。

根据《混凝土结构设计规范（2015 年版）》（GB 50010—2010）规定，"竖向构件截面长边、短边（厚度）比值大于 4 时，宜按墙的要求进行设计。截面厚度不大于 300mm、各肢截面高度与厚度之比的最大值大于 4 但不大于 8 的剪力墙为'短肢剪力墙'；高度与宽度之比小于等于 4 的按'柱'设计"。另外，《高层建筑混凝土结构技术规程》（JGJ 3—2010）规定"各墙段的高度与墙段长度之比不宜小于 3，墙段长度不宜大于 8m"。当墙段很长时，可以通过开设洞口将墙分成长度较小的墙段。

2．装配式剪力墙结构的构造要求

《装配式混凝土结构技术规范》（JGJ 1—2014）中对装配式剪力墙做了如下规定：

（1）预制剪力墙宜采用一字形，也可采用 L 形、T 形或 U 形；开洞预制剪力墙洞口宜居中布置，洞口两侧的墙肢宽度不应小于 200mm，洞口上方连梁高度不宜小于 250mm。

（2）预制剪力墙的连梁不宜开洞；当需开洞时，洞口宜预埋套管，洞口上、下截面的有效高度不宜小于梁高的 1/3，且不宜小于 200mm；被洞口削弱的连梁截面应进行承载力验算，洞口处应配置补强纵向钢筋和箍筋，补强纵向钢筋的直径不应小于 12mm。

（3）预制剪力墙开有边长小于 800mm 的洞口且在结构整体计算中不考虑其影响时，应沿洞口周边配置补强钢筋；补强钢筋的直径不应小于 12mm，截面面积不应小于同方向被洞口截断的钢筋面积；该钢筋自孔洞边角算起伸入墙内的长度，非抗震设计时不应小于 l_a（图 2.7）。

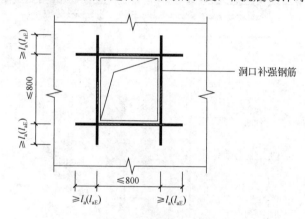

图 2.7　预制剪力墙洞口补强钢筋配置示意

（4）当预制外墙采用夹心墙板时，外叶墙板厚度不应小于 50mm，且外叶墙板应与内叶墙板可靠连接；夹心墙板的夹层厚度不宜大于 120mm；当作为承重墙时，内叶墙板应按剪力墙进行设计。

2.3　装配式混凝土结构的连接方式

2.3.1　装配式混凝土框架结构中预制构件的连接

1．钢筋连接

在装配式混凝土结构中，钢筋与钢筋的连接主要通过灌浆套筒、机械套筒、套筒灌浆料、浆锚孔波纹管、浆锚搭接灌浆料、浆锚孔螺旋筋、灌浆导管、灌浆孔塞、灌浆堵缝材料、钢筋锚固板等,主要传递压力、拉力、剪力、弯矩,少部分传递扭矩。以下主要介绍灌浆套筒、机械套筒、套筒灌浆料连接方法。

1)灌浆套筒连接

灌浆套筒是金属材质圆筒,用于钢筋连接。两根钢筋从套筒两端插入,套筒内注满水泥基灌浆料,通过灌浆料的传力作用实现钢筋对接。两端均采用套筒灌浆料连接的套筒为全灌浆套筒。一端采用套筒灌浆连接方式,另一端采用机械连接方式连接的套筒为半灌浆套筒。灌浆套筒是装配式混凝土结构中最主要的连接构件,用于纵向受力钢筋的连接。灌浆套筒形式如图 2.8 所示,灌浆套筒作业原理如图 2.9 所示。

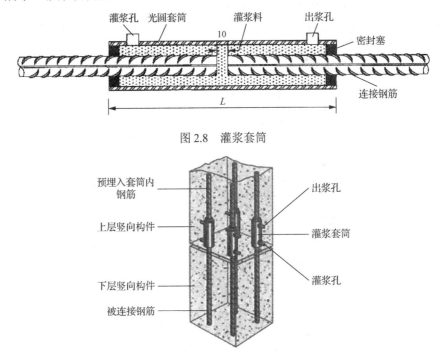

图 2.8　灌浆套筒

图 2.9　灌浆套筒作业原理图

2)机械套筒连接

装配式混凝土结构预制构件连接节点后浇筑连接会用到金属套筒,如图 2.10 所示。后浇区受力钢筋采用对接连接方式,连接套筒先套在一根钢筋上,与另一钢筋对接就位后,套筒移到两根钢筋中间,或螺旋方式或挤压方式将两根钢筋连接。

机械套筒连接是一种与焊接、搭接的作用一样的钢筋连接方法。国内多用机械套筒,机械套筒的材质与灌浆套筒一样。机械套筒连接与钢筋连接方式包括螺纹连接和挤压连接,最常用的是螺纹连接。对接连接的两根受力钢筋的端部都制成有螺纹的端头,将机械套筒旋在两根钢筋上,如图 2.10 所示。

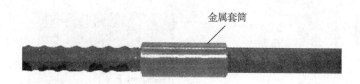

图 2.10　机械连接套筒

3）套筒灌浆料

钢筋连接所用套筒灌浆料以水泥为基本材料，并配以细骨料、外加剂及其他材料混合成干混料，按照规定比例加水搅拌后，具有流动性、早强、高强及硬化后微膨胀的特点。该种套筒灌浆料应符合行业标准《钢筋套筒灌浆连接应用技术规程》（JGJ 355—2015）和《钢筋连接用套筒灌浆料》（JG/T 408—2013）的规定。两个行业标准给出了套筒灌浆料的技术性能。

2．梁与柱的连接

湿连接是指预制混凝土构件间主要纵向受力钢筋的拼接部位，用现浇混凝土或灌浆填充的连接方法。湿连接形式与现浇混凝土结构类似，其强度、刚度和变形行为与现浇混凝土结构相同。为使装配整体式结构性能与现浇混凝土结构等同，在我国的实际工程中，结构抗侧力体系的重要连接部位（如预制柱连接、预制梁与预制柱连接、预制剪力墙连接）均使用湿连接。

图 2.11（a）中预制柱间钢筋采用机械连接，在连接区设置后浇混凝土；图（b）中预制柱内钢筋穿过预制梁中的预留孔，与上部预制柱中的钢筋采用灌浆套筒连接；图（c）为预制梁与预制柱的连接，在梁、柱节点区设置后浇混凝土，柱顶钢筋穿过现浇区，待叠合梁安装完毕后浇筑混凝土，实现预制梁、柱连接；图（d）为预制剪力墙间的连接，多采用灌浆套筒连接或浆锚搭接连接。

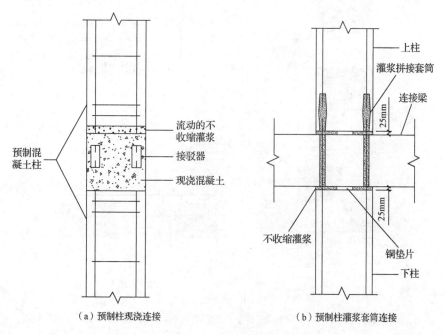

（a）预制柱现浇连接　　　　　　　　（b）预制柱灌浆套筒连接

图 2.11　湿连接示意图

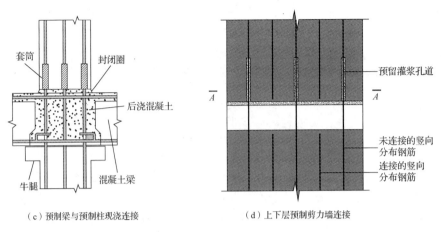

（c）预制梁与预制柱现浇连接　　　（d）上下层预制剪力墙连接

图 2.11（续）

3．梁与梁的连接

对于叠合楼盖结构，次梁与主梁的连接可采用后浇混凝土节点连接，即主梁上预留后浇段，混凝土断开而钢筋连续，以便穿过和锚固次梁钢筋。当主梁截面较高且次梁截面较小时，主梁预制混凝土也可不完全断开，采用预留凹槽的形式供次梁钢筋穿过。次梁端部可设计为刚接和铰接。

此时，做法按以下要求确定：

（1）在端部节点处，次梁下部纵向钢筋伸入主梁后浇段内的长度不应小于 $12d$。次梁上部纵向钢筋应在主梁后浇段内锚固，当采用弯折锚固时，锚固直段长度不应小于 $0.6l_{ab}$；当钢筋应力不大于钢筋强度设计值的 50% 时，锚固直段长度不应小于 $0.35l_{ab}$；弯折后直段长度不应小于 $12d$，如图 2.12 所示。

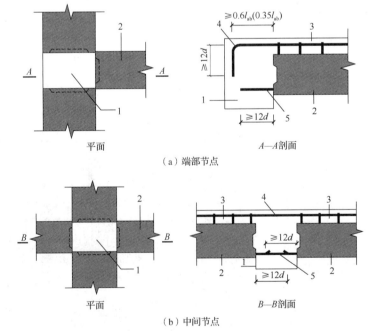

（a）端部节点

（b）中间节点

1—主梁后浇段；2—次梁；3—后浇混凝土叠合层；4—次梁上部纵向钢筋；5—次梁下部纵向钢筋。

图 2.12　主-次梁湿连接节点构造示意

（2）在中间节点处，两侧次梁的下部纵向钢筋伸入主梁后浇段内长度不应小于 $12d$（d 为纵向钢筋直径）；次梁上部纵向钢筋应在现浇层内贯通。

2.3.2　装配式混凝土剪力墙结构中预制构件的连接

装配式混凝土剪力墙结构是将水平预制构件、竖向预制构件通过可靠方式进行连接并与现场后浇混凝土、水泥基灌浆料浇筑形成整体的剪力墙结构。装配式混凝土剪力墙体系按层进行拆分预制。水平构件（如楼板、阳台）采用叠合板预制，水平构件和竖向构件通过现浇混凝土进行连接。对于空调板、楼梯则采用全预制。竖向构件剪力墙分为预制内墙和预制外墙。预制外墙包含保温（根据地理位置确定是否要做保温）和外墙装饰做法。预制剪力墙通过后浇一字形、T 字形、L 形节点进行连接，水平接缝通过后浇带和灌浆套筒连接。竖向和水平连接面应做粗糙面、键槽等处理以连接新旧混凝土。

1．预制剪力墙水平连接

剪力墙竖向接缝位置需满足标准化生产、吊装、运输和就位等原则，并尽量避免接缝对装配式结构整体性能产生不良影响。对于约束边缘构件，位于墙肢端部的通常与墙板一起预制；纵横墙交接部位一般存在接缝，纵向钢筋主要配置在后浇段内，且在后浇段内应配置封闭箍筋及拉筋，预制墙板中的水平分布筋需在后浇段内锚固。

《混凝土结构设计规范（2015 年版）》（GB 50010—2010）规定，楼层内相邻预制剪力墙之间应采用整体式接缝连接，且应符合下列规定：①当接缝位于纵横墙交接处的约束边缘构件区域时，约束边缘构件的阴影区域宜全部采用后浇混凝土，并应在后浇段内设置封闭箍筋，如图 2.13 所示；②当接缝位于纵横墙交接处的构造边缘构件区域时，构造边缘构件宜全部采用后浇混凝土，如图 2.14 所示。

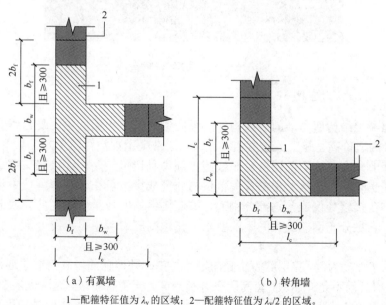

（a）有翼墙　　　　　　　　（b）转角墙

1—配箍特征值为 λ_v 的区域；2—配箍特征值为 $\lambda_v/2$ 的区域。

图 2.13　约束边缘构件阴影区域全部后浇构造示意

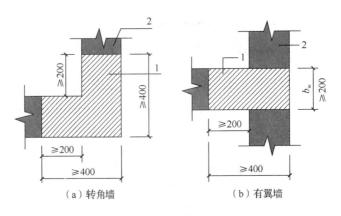

（a）转角墙　　　　　　（b）有翼墙

图 2.14　构造边缘构件全部后浇构造示意

　　装配整体式剪力墙结构中，预制剪力墙构件在楼层内的连接为水平连接，其接缝采用后浇混凝土接缝的形式，如图 2.15 所示。另外，位于该区域内的钢筋连接相关构造需满足《混凝土结构设计规范（2015 年版）》（GB 50010—2010）要求。

图 2.15　剪力墙水平接缝施工

2．预制剪力墙纵向连接

　　装配式混凝土结构剪力墙的边缘构件的纵向钢筋是剪力墙的主要受力钢筋，根数多、直径大，连接的造价高、施工的难度相对较大，通常采用现浇，连接方式与现浇结构相同。因此，剪力墙的分布钢筋全部连接会导致施工烦琐且造价较高，连接接头数量太多对剪力墙的抗震性能也有不利影响。根据有关单位的研究成果，可在预制剪力墙中设置部分较粗的分布钢筋并在接缝处仅连接这部分钢筋，被连接钢筋的数量应满足剪力墙的配筋率和受力要求；为了满足分布钢筋最大间距的要求，在预制剪力墙中再设置一部分较小直径的竖向分布钢筋。

　　以套筒灌浆连接为例，首层剪力墙竖向钢筋与基础外伸钢筋以套筒灌浆连接方式进行连接时，因所采用套筒不允许屈服，套筒所在区段始终处于弹性阶段，无法进入塑性变形阶段，也就无法形成塑性铰。设计时要采取措施将该区段布置在不希望产生塑性铰区段，或者将期望塑性铰设计在该区段以外。根据这个思路，可以采取两种处理方法。如图 2.16 所示，可将套筒设置在首层楼面以下，首层预制剪力墙竖向钢筋向下深入套筒进行连接。

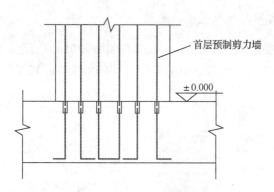

图 2.16　底层预制剪力墙竖向套筒连接示意图

　　当前，国内外对套筒灌浆连接方式已有充分的实验研究和相关的规程，可以用于剪力墙竖向钢筋的连接。当房屋高度大于 12m 或层数超过 3 层时，宜采用套筒灌浆连接。剪力墙的竖向钢筋宜采用梅花形套筒灌浆连接［图 2.17（a）］，也可采用单排套筒灌浆连接［图 2.17（b）］。

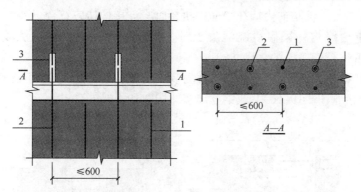

1—连接的竖向分布钢筋；2—未连接的竖向分布钢筋；3—预留灌浆孔道。

（a）梅花形套筒灌浆连接

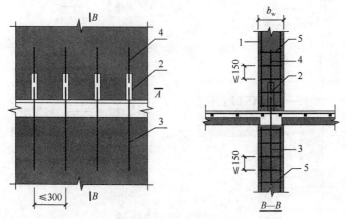

（b）单排套筒灌浆连接

1—上层预制剪力墙竖向钢筋；2—灌浆套筒；3—下层剪力墙连接钢筋；4—上层剪力墙连接钢筋；5—拉筋。

（b）单排套筒灌浆连接

图 2.17　竖向分布钢筋连接构造示意

3．预制混凝土剪力墙与预制连梁的连接

《混凝土结构设计规范（2015 年版）》（GB 50010—2010）规定：当采用后浇连梁时，宜在预制剪力墙端伸出预留纵向钢筋，并与后浇连梁的纵向钢筋可靠连接，如图 2.18 所示。

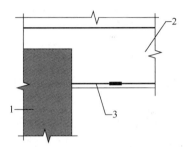

1—预制墙板；2—后浇连梁；3—预制剪力墙伸出纵向受力钢筋。

图 2.18　后浇连梁与预制剪力墙连接构造示意

当预制叠合连梁端部与剪力墙在平面内拼接时，连接构造应符合下列规定：

（1）当墙端边缘构件采用后浇混凝土时，连梁纵向钢筋应在后浇段采用锚固连接［图 2.19（a）］或钢筋连接［图 2.19（b）］；

（2）当预制剪力墙端部上角预留局部后浇节点区时，连梁的纵向钢筋应在局部后浇节点区内采用锚固连接［图 2.19（c）］或钢筋连接［图 2.19（d）］。

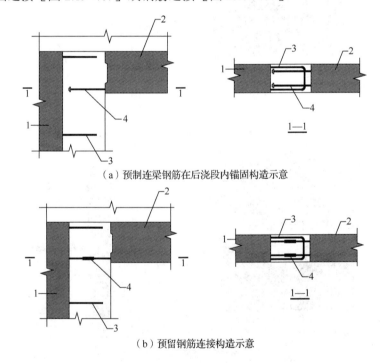

（a）预制连梁钢筋在后浇段内锚固构造示意

（b）预留钢筋连接构造示意

图 2.19　预制剪力墙与预制连梁连接构造示意

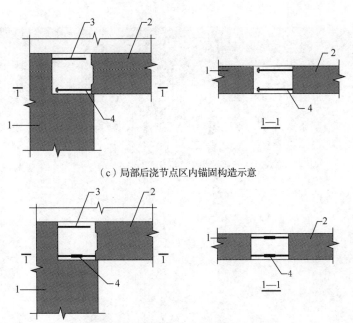

（c）局部后浇节点区内锚固构造示意

（d）局部后浇节点区内与墙板预留钢筋连接构造示意

1—预制剪力墙；2—预制连梁；3—边缘构件箍筋；4—连梁下部纵向受力钢筋锚固或连接。

图 2.19（续）

2.4 非结构构件

非结构构件包括持久性的建筑非结构构件和支承于建筑结构的附属机电设备。建筑非结构构件指建筑中除承重骨架体系以外的固定构件和部件，主要包括非承重墙体，附着于楼面和屋面结构的构件、装饰构件和部件、固定于楼面的大型储物架等。这里主要介绍内隔墙、预制楼梯、预制混凝土阳台板。

2.4.1 内隔墙

内隔墙应采用轻质墙体，常用增强水泥条板、石膏条板、轻混凝土条板、植物纤维条板、泡沫水泥条板、硅镁条板和蒸压加气混凝土板，如图 2.20 所示。内墙板应与主体结构采用合理的方法对节点进行连接，确保其具有足够的承载力和适应主体结构变形的能力，并采取可靠的防腐、防锈和防火措施。在非抗震地区，内墙板与主体结构可采用刚性连接；在抗震地区，应采用柔性连接。

图 2.20 装配式内隔墙示意图

2.4.2 预制楼梯

楼梯是建筑物内部主要的竖向交通通道和重要的逃生通道，是现代产业化建筑的重要组成部分，整体预制钢筋混凝土楼梯是最能体现装配式优势的构件。预制装配式钢筋混凝土楼梯是将楼梯分成休息板、楼梯梁、楼梯段三个部分。将构件在预制工厂或施工现场进行预制，施工时将预制构件进行装配、焊接，如图 2.21 所示。在工厂预制楼梯远比现浇更方便、精致，安装后可较快投入使用，给施工带来了很大的便利，提高了施工安全性。楼梯板安装一般情况下不需要加大工地塔式起重机吨位。纵观发达国家预制楼梯技术的发展趋势，当平台与梯段均采用预制形式时，其具有优异的抗震性能，提升了现场安装效率，同时也恰当地提高了预制率。

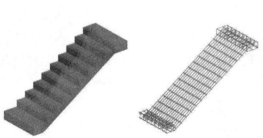

图 2.21 预制楼梯示意图

2.4.3　预制混凝土阳台板

在装配式混凝土结构中，预制阳台板为悬挑板式构件，有叠合式和全预制式两种类型，全预制式又分为全预制板式和全预制梁式，如图 2.22 所示。根据住宅建筑常用的开间尺寸，可将预制混凝土阳台板的尺寸标准化，以利于设计。预制阳台板沿悬挑长度方向常用模数：叠合板式和全预制板式取 1000mm、1200mm、1400mm；全预制梁式取 1200mm、1400mm、1600mm、1800mm；沿房间方向常用模数取 2400mm、2700mm、3000mm、3300mm、3600mm、3900mm、4200mm、4500mm。

（a）全预制板式

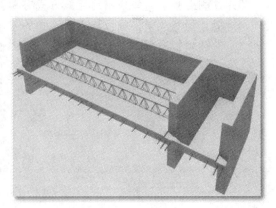

（b）全预制梁式

图 2.22　预制楼梯示意图

本 章 小 结

装配式混凝土结构是当前大力发展的结构形式之一。本章主要介绍了装配式混凝土结构的基本分类、设计原则和连接方式，可使学生基本了解装配式混凝土结构中的结构构件、非结构构件、构件连接形式，为后续装配式建筑相关知识提供理论基础。

1. 简述装配整体式混凝土结构和全装配式混凝土结构的定义和区别。
2. 简述装配式混凝土框架结构布置的基本原则。
3. 预制混凝土构件的钢筋连接方式有哪些？具体操作如何？
4. 简述预制混凝土剪力墙水平连接的基本内容。
5. 简述预制混凝土剪力墙与预制连梁的连接构造的基本规定。

第3章 装配式钢结构建筑

学习目标

通过本章的学习，学生应了解装配式钢结构建筑的定义及其优缺点，掌握钢结构的设计要点及节点设计方面需要注意的地方。

本章重点

装配式钢结构建筑设计要点。

3.1 装配式钢结构建筑概述

3.1.1 装配式钢结构建筑的定义

钢结构是把钢板或型钢通过连接组装而成的具有足够可靠性并能产生良好经济效益的建筑物和构筑物。钢结构有天然的装配特征，即工厂生产、现场装配等特点。

钢结构建筑体系从铁结构（铸铁和熟铁）建筑发展而来，铁结构建筑的基本特征就是在工厂里铸造或锻造构件，到现场用铆接方式装配而成。进入钢时代后，直至1927年钢材焊接技术发明之前，钢结构建筑与铁结构建筑仍然是采用铆接或螺栓连接，构件必须在工厂里加工，再到现场装配。

近几十年来，钢结构建筑越来越多，钢结构工厂也越来越多，钢结构加工设备的自动化和智能化程度也越来越高，现场切割剪裁钢材的建造方式已不复存在。所有钢结构建筑，无论是高层、多层、低层，还是单层工业厂房，都是在工厂进行构件加工，再到现场进行组装的装配式建筑。

虽然所有钢结构建筑都具有装配式特征，但根据国家标准《装配式钢结构建筑技术标准》（GB/T 51232—2016），装配式钢结构建筑的定义为：装配式钢结构建筑是"建筑的结构系统由钢部（构）件构成的装配式建筑"。

装配式建筑的定义是"结构系统、外围护系统、设备与管线系统、内装系统的主要部分采用预制部品部件集成的建筑"。

按照国家标准定义的装配式钢结构建筑,与具有装配式自然特征的普通钢结构建筑相比存在以下两点差别:①更加强调预制部品部件的集成;②不仅钢结构系统,其他结构系统也要进行装配式设计与安装。

根据这个定义,钢结构建筑如果外围护墙体采用砌块,就不能称其为装配式建筑;钢结构建筑如果没有考虑内装系统集成,也不能算作装配式建筑。

图3.1给出了装配式钢结构建筑图解。具体地说,装配式钢结构建筑与普通钢结构建筑比较,更突出以下各点:

(1)更强调钢结构构件集成化和优化设计;

(2)各个系统的集成化,尽可能采用预制部品部件;

(3)标准化设计;

(4)连接节点、接口的通用性与便利性;

(5)部品部件制作的精益化;

(6)现场施工以装配和干法作业为主;

(7)基于BIM的全链条信息化管理。

结构系统
(钢框架、框架第一支撑框架-
延性板墙、筒体等结构体系)

外围护系统

预制外墙、外门窗、屋面

内装系统
(集成式卫浴、集成式厨房)

设备与管线系统

图3.1　装配式钢结构建筑图解

3.1.2　装配式钢结构建筑的优点和缺点

1. 装配式钢结构建筑的优点

装配式钢结构建筑的优点包括钢结构建筑的优点和装配式钢结构建筑的优点两个方面。结构建筑具有安全、高效、绿色、节能减排和可循环利用的优势及管线与围护结构的高度集成。

(1)安全。钢结构有较好的延性,结构在动力冲击荷载作用下能吸收较多的能量,可降低脆性破坏的危险程度,因此其抗震性能好,尤其在高烈度震区,使用钢结构能获得比其他结构更可靠的抗震减灾能力。

(2)轻质高强。钢结构具有轻质高强的特点,特别适于高层、超高层建筑,能建造的建筑物高度远比其他类型结构高。钢结构与钢筋混凝土结构比较，同等地震烈度情况下，适用建造的最高建筑可高出 1.5 倍以上。

（3）结构受力传递清晰。钢结构具有结构受力传递清晰的特点，现代建筑各种结构体系大多先从钢结构获得结构计算简图、计算模型并经过成功的工程实践后再推广到混凝土结构或其他结构。例如，混凝土框架结构、密柱筒体结构、核心筒结构、束筒结构等现代建筑的结构体系，都是先从钢结构开始实践，然后应用于钢筋混凝土结构。

（4）适用范围广。钢结构建筑比混凝土结构和木结构建筑适用范围更广，可建造各种不同使用功能的建筑（图 3.2）。

| 办公楼 | 学校 | 医院 | 公寓 | 住宅 |

图 3.2 装配式钢结构建筑的适用范围

（5）适于标准化。钢结构建筑具有便于实现标准化的特点。

（6）适于现代化。钢结构具有与生俱来的装配式或工业化优势，特别适于建筑产业的现代化。或者说，钢结构建筑一直在引领着建筑产业的现代化进程。钢结构建筑现代化的过程能够带动冶金、机械、建材、自动控制及其他相关行业发展。高层建筑钢结构的应用与发展既是一个国家经济实力强大的标志，也是其科技水平提高、材料工艺与建筑技术进入高科技发展阶段的体现。

（7）资源储备。钢材是可以循环利用的建筑材料，钢结构建筑实际上是钢材资源巨大的"仓库"。

（8）绿色建筑优势。钢结构建筑是建设"资源节约型、环境友好型、循环经济、可持续发展社会"的有效载体，优良的装配式钢结构建筑是"绿色建筑"的代表。

① 节能：炼钢产生的 CO_2 是烧制水泥所产生 CO_2 的 20%，消耗的综合能源比水泥少 15%；钢结构部件及制品均轻质高强，建造过程能大幅减少运输、吊装的能源消耗。

② 节地：钢结构"轻质高强"的特点，易于实现高层建筑，可提高单位面积土地的使用效率。

③ 节水：钢结构建筑以现场装配化施工为主，建造过程中可大幅减少污水排放，节水率达 80% 以上。

④ 节材：大多钢结构高层建筑结构自重为 $500\sim600kg/m^2$，传统混凝土结构自重为 $1000\sim1020\ kg/m^2$，其自重减轻约 50%。可大幅减少水泥、沙石等资源消耗；建筑自重减轻，也降低了地基及基础技术处理的难度，同时可减少地基处理及基础费用约 30%。

⑤ 环保：钢结构建筑采用装配化施工，可有效降低施工现场噪声扰民、废水排放及粉尘污染，有利于绿色建造，保护环境。

⑥ 主材回收与再循环利用：钢结构建筑拆除时，主体结构材料回收率在 90% 以上，较传统建筑垃圾排放量减少约 60%，并且钢材回收与再生利用可为国家作战略资源储备；同时

减少建筑垃圾（建筑垃圾约占全社会垃圾总量的 40%）填埋对土地资源占用和垃圾中有害物质对地表及地下水源污染等。

⑦ 低碳营造：根据实际统计，采用钢结构的建筑 CO_2 排放量约为 $480\,kg/m^2$，较传统混凝土建筑碳排放量 $740.6kg/m^2$ 降低 35% 以上。

（9）功能优及低成本。装配式钢结构采用标准化设计，标准化设计实际上是优化设计的过程，有利于保证结构安全性，更好地实现建筑功能和降低成本，同时外围护系统的集成化可以提高质量、简化施工、缩短工期，设备管线系统和内装系统的集成化以及集成化预制部品部件的采用，可以更好地提升功能、提高质量和降低成本。

（10）提高结构耐久性。钢结构构件的集成化可以减少现场焊接，由此减少焊接作业对钢材防锈层的破坏。

2．装配式钢结构建筑的缺点

装配式钢结构建筑的缺点包括钢结构建筑的缺点和装配式钢结构建筑的缺点。由于两者的主要承载材料都是钢材，所以均存在不耐火、耐腐蚀性能差等缺点。装配式钢结构建筑还存在下面两个方面的不足：

（1）造价相对较高。相对于普通的钢筋混凝土结构建筑，装配式钢结构建筑的建筑成本稍高。

（2）功能布局不易个性化。装配式钢结构需工业化生产，相关部件的标准化及定型化使得建筑平面的功能布局不易满足个性化的需求。

3.2 装配式钢结构设计要点

3.2.1 建筑设计要点

装配式钢结构建筑设计要点包括以下几个方面。

1．集成化设计

通过方案比较，做出集成化安排，确定预制部品部件的范围，进行设计或选型。做好集成式部品部件的接口或连接设计。

2．协同设计

由设计负责人组织设计团队进行统筹设计，将建筑、结构、装修、给水排水、暖通空调、电气、智能化、燃气等专业之间进行协同设计。按照国家标准的规定，装配式建筑应进行全装修，装修设计应当与其他专业同期设计并做好协同。设计过程需要与钢结构构件制作厂家、其他部品部件制作厂家、工程施工企业进行互动和协同。

3. 模数协调

装配式钢结构设计的模数协调包括：确定建筑开间、进深、层高、洞口等的优先尺寸，确定水平和竖向模数与扩大，确定公差，按照确定的模数进行布置与设计。

4. 标准化设计

对进行具体工程设计的设计师而言，标准化设计主要是选用现成的标准图、标准节点和标准部品部件。

5. 建筑性能设计

建筑性能包括适用性能、安全性能、环境性能、经济性能、耐久性能等。对钢结构建筑而言，最重要的建筑性能包括防火、防锈蚀、隔声、保温、防渗漏、楼盖舒适度等。装配式钢结构建筑的建筑性能设计依据与普通钢结构建筑一样，在具体设计方面，需要考虑装配式建筑集成部品部件及其连接节点与接口的特点与要求。

6. 外围护系统设计

外围护系统设计是装配式钢结构建筑设计的重点环节。早期的钢结构住宅外围护系统采用砌块或其他湿作业方式，不能满足装配式建筑要求，同时还因构造处理不当存在较多问题。外围护系统的确定特别需要在方案比较阶段进行综合考虑。图 3.3 是建筑外围护系统与遮阳系统集成的示例。

图 3.3　建筑外围护系统与遮阳系统集成示例

7. 其他建筑构造设计

装配式钢结构建筑特别是住宅建筑的装修构造设计对使用功能、舒适度、美观度、施工效率和成本影响较大，一些住户对个别钢结构住宅的不满也往往是由于一些细部构造不当造成的。例如，钢结构隔声问题，柱、梁构件的空腔需通过填充、包裹与装修等措施阻断声桥；隔墙开裂问题，隔墙与主体结构宜采用脱开（柔性）的连接方法等。因此，在装配式钢结构建筑特别是住宅建筑的建筑设计与内装设计，需要认真考虑上述问题。

8．选用绿色建材

装配式建筑应选用绿色建材和绿色建材制作的部品部件。

3.2.2 结构设计要点

1．钢材选用

装配式钢结构建筑钢材选用与普通钢结构建筑相同，《钢结构设计标准》（GB 50017—2017）、《高层民用建筑钢结构技术规程》（JGJ 99—2015）等都有详细规定，在结构设计材料选用时需特别注意以下两方面：

（1）多层和高层建筑梁、柱、支撑宜选用能高效利用截面刚度、代替焊接截面的各类高效率结构型钢（冷弯或热轧的各类型钢），如冷弯矩型钢管、热轧 H 型钢等。

（2）装配式低层建筑型钢采用冷弯薄壁型钢等。

2．结构体系

装配式钢结构建筑可根据建筑功能、建筑高度、抗震设防烈度等，选择钢框架结构、钢框架-支撑结构、钢框架-延性墙板结构、筒体结构、巨型结构、交错桁架结构、门式刚架结构、低层冷弯薄壁型钢结构等结构体系，且应符合下列规定：

（1）应具有明确的计算简图和合理的传力路径；

（2）应具有适宜的承载能力、刚度及耗能能力；

（3）应避免因部分结构或构件的破坏而导致整体结构丧失承受重力荷载、风荷载及地震作用的能力；

（4）对薄弱部位应采取有效的加固措施。

3．结构布置

装配式钢结构建筑的结构布置应符合下列规定：

（1）结构平面布置宜规则、对称；

（2）结构竖向布置宜保持刚度、质量变化均匀；

（3）结构布置应考虑温度作用、地震作用或不均匀沉降等效应的不利影响，当设置伸缩缝、防震缝或沉降缝时，应满足相应的功能要求。

4．适用的最大高度

《装配式钢结构建筑技术标准》（GB/T 51232—2016）给出的装配式钢结构建筑适用的最大高度见表 3.1。该表与《建筑抗震设计规范》（GB 50011—2010）和《高层民用建筑钢结构技术规程》（JGJ 99—2015）规定相比，多出了交错桁架结构适用的最大高度，其他结构体系适用的最大高度与上述规范（规程）相同。

表3.1　多、高层装配式钢结构适用的最大高度　　　（单位：m）

结构体系	6度	7度		8度		9度
	(0.05g)	(0.1g)	(0.15g)	(0.20g)	(0.30g)	(0.40g)
钢框架结构	110	110	90	90	70	50
钢框架-中心支撑结构	220	240	220	180	150	120
钢框架-偏心支撑结构 钢框架-屈曲约束支撑结构 钢框架-延性墙板结构	240	240	220	200	180	160
简体（框筒、筒中筒、桁架筒、束筒）结构、巨型结构	300	300	280	260	240	180
交错桁架结构	90	60	60	40	40	—

资料来源：摘自《装配式钢结构建筑技术标准》（GB/T 51232—2016）表5.2.6。

注：1. 房屋高度指室外地面到主要屋面板板顶的高度（不包括局部凸出屋顶部分）。

2. 超过表内高度的房屋，应进行专门研究和论证，采取有效的加固措施。

3. 表中 g 指重力加速度。

4. 交错桁架结构不得用于9度抗震设防烈度区。

5. 柱子可采用钢柱或钢管混凝土柱。

6. 特殊设防类，6、7、8度时宜按本地区抗震设防烈度提高一度后符合本表要求，9度时应做专门研究。

5．高宽比

装配式钢结构建筑的高宽比与普通钢结构建筑一样，具体详见表3.2。

表3.2　多、高层装配式钢结构适用的最大高宽比

抗震设防烈度	6度	7度	8度	9度
高宽比	6.5	6.5	6.0	5.5

资料来源：摘自《装配式钢结构建筑技术标准》（GB/T 51232—2016）表5.2.7。

6．层间位移角

《装配式钢结构建筑技术标准》（GB/T 51232—2016）规定：在风荷载或多遇地震标准值作用下，弹性层间位移角不宜大于 1/250，采用钢管混凝土柱时不宜大于 1/300。装配式钢结构住宅在风荷载标准值作用下的弹性层间位移角尚不应大于 1/300，屋顶水平位移与建筑高度之比不宜大于 1/450。

7．风振舒适度验算

关于风振舒适度验算，《装配式钢结构建筑技术标准》（GB/T 51232—2016）规定：高度不小于 80m 的装配式钢结构住宅以及高度不小于 150m 的其他装配式钢结构建筑应进行风振舒适度验算。《装配式钢结构建筑技术标准》关于计算舒适度时的结构阻尼比取值的规定：房屋高度为 80～100m 的钢结构阻尼比取 0.015；房屋高度大于 100m 的钢结构阻尼比取 0.01。

3.2.3 钢框架结构设计

1. 梁翼缘侧向支撑

在有可能出现塑性铰处，梁的上下翼缘均应设置侧向支撑（图3.4），当钢梁上铺设装配整体式或整体式楼板且可靠连接时，上翼缘可不设侧向支撑。

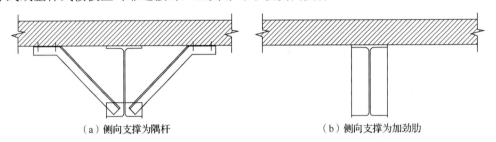

（a）侧向支撑为隅杆　　　　　　　　　　　（b）侧向支撑为加劲肋

图 3.4　梁下翼缘侧向支撑

注：摘自《装配式钢结构建筑技术标准》（GB/T 51232—2016）图 5.2.13-4。

2. 异形组合截面

框架柱截面可采用异形组合截面，常见的组合截面如图3.5所示。

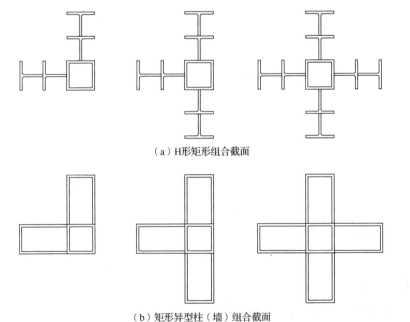

（a）H形矩形组合截面

（b）矩形异型柱（墙）组合截面

图 3.5　常用异形组合截面

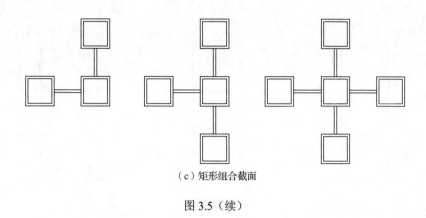

（c）矩形组合截面

图 3.5（续）

注：摘自《装配式钢结构建筑技术标准》（GB/T 51232—2016）条文说明 5.2.13 图 2。

3.2.4　钢框架-支撑结构设计

1. 中心支撑

高层民用钢结构的中心支撑宜采用十字交叉斜杆支撑[图 3.6(a)]、单斜杆支撑[图 3.6(b)]、人字形斜杆支撑［图 3.6（c）］或 V 形斜杆支撑，不得采用 K 形斜杆体系［图 3.6（d）］。中心支撑斜杆的轴线应交汇于框架梁柱的轴线上。

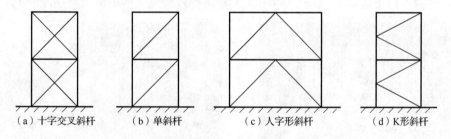

（a）十字交叉斜杆　　（b）单斜杆　　（c）人字形斜杆　　（d）K形斜杆

图 3.6　中心支撑类型

注：摘自《装配式钢结构建筑技术标准》（GB/T 51232—2016）图 5.2.14-1。

2. 偏心支撑

偏心支撑（图 3.7）框架中的支撑斜杆，应至少有一端与梁连接，并在支撑与梁交点和柱之间，或支撑同一跨内的另一支撑与梁交点之间形成消能梁段（图 3.7）。

3. 拉杆设计

抗震等级为四级时，支撑可采用拉杆设计，其长细比不应大于 180；拉杆设计的支撑同时设不同倾斜方向的两组单斜杆，且每层不同倾斜方向单斜杆的截面面积在水平方向的投影面积之差不得大于 10%。

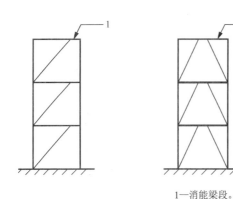
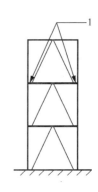

1—消能梁段。

图 3.7　偏心支撑框架立面图

注：摘自《装配式钢结构建筑技术标准》（GB/T 51232—2016）图 5.2.14-2。

3.2.5　钢框架-延性墙板结构设计

钢板剪力墙的种类包括非加劲钢板剪力墙、加劲钢板剪力墙（图 3.8）、防屈曲钢板剪力墙、钢板组合剪力墙（图 3.9）及开缝钢板剪力墙等类型。

当采用钢板剪力墙时，应计入竖向荷载对钢板剪力墙性能的不利影响；当采用竖缝钢板剪力墙且房屋层数不超过 18 层时，可不计入竖向荷载对竖缝钢板剪力墙性能的不利影响。

图 3.8　加劲钢板剪力墙　　　　　　　图 3.9　钢板组合剪力墙

3.2.6　交错桁架结构设计

交错桁架钢结构设计应符合下列规定：

（1）当横向框架为奇数榀时，应控制层间刚度比；当横向框架为偶数榀时，应控制水平荷载作用下的偏心影响。

（2）交错桁架可采用混合桁架［图 3.10（a）］和空腹桁架［图 3.10（b）］两种形式，设置走廊处可不设斜杆。

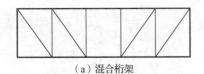 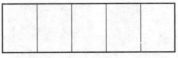

（a）混合桁架　　　　　　　　　　（b）空腹桁架

图 3.10　桁架形式

（3）当底层局部无落地桁架时，应在底层对应轴线及相邻两侧设置横向支撑（图 3.11），横向支撑不宜承受竖向荷载。

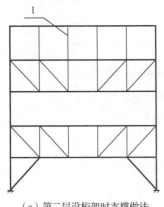 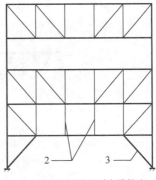

（a）第二层设桁架时支撑做法　　　　　　（b）第三层设桁架时支撑做法

1—顶层立柱；2—二层吊杆；3—横向支撑。

图 3.11　支撑、吊杆、立柱

注：摘自《装配式钢结构建筑技术标准》（GB/T 51232—2016）图 5.2.16-2。

（4）交错桁架的纵向可采用钢框架结构、钢框架-支撑结构、钢框架-延性墙板结构或其他可靠的结构形式。

3.2.7　楼板设计

（1）装配式钢结构建筑的楼板可选用工业化程度高的压型钢板组合楼板（图 3.12）、钢筋桁架组合楼板（图 3.13）、预制钢筋混凝土叠合楼板（图 3.14）、预制预应力空心楼板（图 3.15）。

图 3.12　压型钢板组合楼板　　　　　　图 3.13　钢筋桁架组合楼板

图 3.14　预制钢筋混凝土叠合楼板

图 3.15　预制预应力空心楼板

（2）楼板应与主体结构可靠连接，保证楼盖的整体牢固性。图 3.16 是混凝预应力空心楼板与钢梁连接节点图（常见于欧洲地区）。

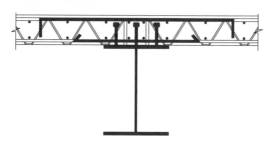

图 3.16　混凝预应力空心楼板与钢梁连接节点

（3）抗震设防烈度为 6、7 度且房屋高度不超过 50m 时，可采用装配式楼板（全预制楼板）或其他轻型楼盖，但应采取下列措施之一保证楼板的整体性：①设置水平支撑；②采取有效措施保证预制板之间的可靠连接。

（4）装配式钢结构建筑可采用装配整体式楼板，但应适当降低表 3.1 中的最大高度。

（5）楼盖舒适度应符合行业标准《高层民用建筑钢结构技术规程》（JGJ 99—2015）的规定。

3.2.8　楼梯设计

装配式钢结构建筑的楼梯宜采用装配式预制钢筋混凝土楼梯（图 3.17）或钢楼梯。楼梯与主体结构宜采用不传递水平作用的连接形式，一端采用可滑移连接。

图 3.17　用于装配式钢结构建筑的预制钢筋混凝土楼梯

3.2.9　地下室与基础设计

装配式钢结构建筑地下室和基础设计应符合如下规定：

（1）当建筑高度超过 50m 时，宜设置地下室；当采用天然地基时，其基础埋置深度不宜小于房屋总高度的 1/15；当采用桩基时，桩承台埋置深度不宜小于房屋总高度的 1/20。

（2）设置地下室时，竖向连续布置的支撑、延性墙板等抗侧力构件应延伸至基础。

（3）当地下室不少于两层，且嵌固端在地下室顶板时，延伸至地下室底板的钢柱脚可铰接或刚接。

3.2.10　结构防火设计

钢结构构件防火主要有两种方式：涂刷防火涂料和用防火材料干法被覆。目前，国内钢结构建筑应用最多的是涂刷防火涂料。装配式钢结构建筑提倡干法施工，干法被覆方式或是发展方向；国外钢结构建筑约有 30% 采用干法被覆防火，其中硅酸钙板约占 40%。硅酸钙板防火被覆可以做成装饰一体化板。钢结构防火也可从钢材本身解决，即研发并应用耐火钢。

3.3　装配式钢结构连接方式

3.3.1　梁与柱、柱与柱的连接

1. 梁柱连接

（1）梁柱连接可采用带悬臂梁段、翼缘焊接腹板栓焊连接或全焊接连接形式［图 3.18（a）、(b)］；

（2）抗震等级为一、二级时，梁与柱的刚接宜采用加强型连接［图 3.18（c）、(d)］；

（3）当有可靠依据时，也可采用端板螺栓连接的形式［图 3.18（e）］。

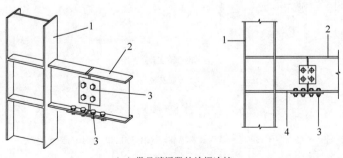

（a）带悬臂梁段的栓焊连接

图 3.18　梁柱连接节点

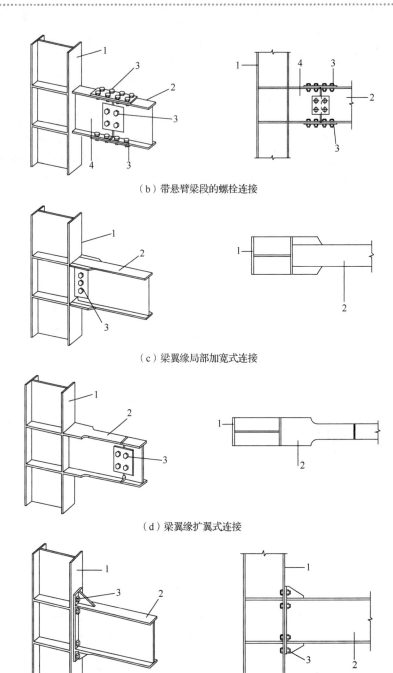

（b）带悬臂梁段的螺栓连接

（c）梁翼缘局部加宽式连接

（d）梁翼缘扩翼式连接

（e）外伸式端板螺栓连接

1—柱；2—梁；3—高强度螺栓；4—悬臂段。

图 3.18（续）

注：摘自《装配式钢结构建筑技术标准》（GB/T 51232—2016）图 5.2.13-1。

2．钢柱拼接

钢柱拼接可以采用焊接方式（图 3.19），也可以采用螺栓连接方式（图 3.20）。

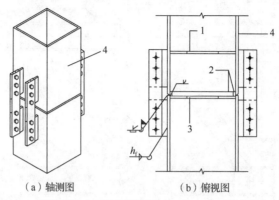

（a）轴测图　　　　　　　（b）俯视图

1—上柱隔板；2—焊接衬板；3—下柱顶端隔板；4—柱；h_f—拼接连接件的焊接高度。

图 3.19　箱型柱的焊接拼接连接

注：摘自《装配式钢结构建筑技术标准》（GB/T 51232—2016）图 5.2.13-2。

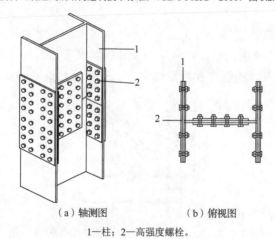

（a）轴测图　　　　　　　（b）俯视图

1—柱；2—高强度螺栓。

图 3.20　H 形柱的螺栓拼接连接

注：摘自《装配式钢结构建筑技术标准》（GB/T 51232—2016）图 5.2.13-3。

3.3.2　支撑、节点板与构件的连接

1．支撑与框架的连接

当支撑翼缘朝向框架平面外，且采取支托式连接时［图 3.21（a）、（b）］，其平面外计算长度可取轴线长度的 0.7 倍；当支撑腹杆位于框架平面内时［图 3.21（c）、（d）］，其平面外计算长度可取轴线长度的 0.9 倍。

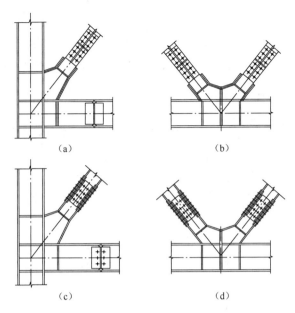

图 3.21　支撑与框架的连接

2. 节点板连接

当支撑采用节点板进行连接（图 3.22）时，在支撑端部与节点板约束点连线之间应留有 2 倍节点板厚的间隙，节点板约束点连线应与支撑杆轴线垂直，且应进行支撑与节点板间的连接强度验算、节点板自身的强度和稳定性验算、连接板与梁柱间焊缝的强度验算。

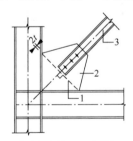

1—约束点连线；2—单壁节点板；3—支撑杆；t—节点板的厚度。

图 3.22　组合支撑杆件端部与单壁节点板的连接

注：摘自《装配式钢结构建筑技术标准》（GB/T 51232—2016）图 5.2.14-4。

3.3.3　构件连接设计方式

装配式钢结构建筑构件之间的连接设计应符合下列规定：

（1）抗震设计时，连接设计应符合构造要求，并应按弹塑性设计，连接的极限承载力应大于构件的全塑性承载力；

（2）装配式钢结构建筑构件的连接宜采用螺栓连接，也可采用焊接（图 3.23）；

（3）有可靠依据时，梁柱可采用全螺栓的半刚性连接（图 3.24），此时结构计算应计入节点转动对刚度的影响。

图 3.23　翼缘焊接腹板栓接

图 3.24　全螺栓连接

3.4 装配式钢结构的维护部件

3.4.1　维护部件的连接

　　装配式钢结构维护部件的连接方式有多种，下面是某工程实例中的一种方案。

　　（1）外墙板与梁连接。如图 3.25 所示，首先安装室外一侧的墙板，采用卷扬机提升至安装楼层高度，用缆风绳拉近至安装位置，将 L 形连接件（C3）固定于型钢梁下翼缘外侧的通长焊接的悬挑角钢（F2）上；其次，铺设保温板材，填充密实；最后，安装内侧墙板，在墙体内侧将墙板与 L 形连接件拧紧后再将最后一层 L 形紧固件卡进墙板顶部，焊接牢固后，用自攻螺钉将墙板与 L 形紧固件连接，填补灰缝之后完成当前节点安装。

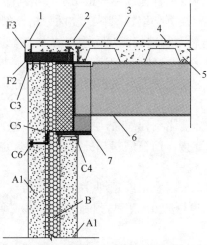

1—现浇混凝土；2—栓钉；3—$\phi8$ 负弯矩钢筋；4—组合楼板；5—温度筋；6、7—工字钢梁；A1—墙板；
B—保温层；C3—L 形连接件；C4—自攻螺钉；C5—$\phi8$ 拉钩；C6—角钢；F2—悬挑角钢；F3—边模板。

图 3.25　外墙板与梁连接及组合楼板与墙连接示意图

（2）组合楼板与墙连接。先安装外墙板，将楼层边缘梁上的边模板 F3 及悬挑角钢 F2 组合固定于钢梁上；再安装外侧墙板材；然后将 L 形连接件（C3）插入角钢与墙板之间的预留缝隙；最后打上自攻螺钉紧固（图 3.25）。

3.4.2 维护部件的设计方式

（1）外围护系统应根据建筑所在地区的气候条件、使用功能等综合确定抗风性能、抗震性能、耐撞击性能、防火性能、水密性能、气密性能、隔声性能、热工性能和耐久性能等要求，屋面系统还应满足结构性能要求。

（2）外围护系统选型应根据不同的建筑类型及结构形式而定；外墙系统与结构系统的连接形式可采用内嵌式、外挂式、嵌挂结合式等，并宜分层悬挂或承托；并可选用预制外墙、现场组装骨架外墙、建筑幕墙等类型。

（3）在 50 年重现期的风荷载或多遇地震作用下，外墙板不得因主体结构的弹性层间位移而发生塑性变形、板面开裂、零件脱落等损坏；当主体结构的层间位移角达到 1/100 时，外墙板不得掉落。

（4）外墙板与主体结构的连接应符合下列规定：

① 连接节点在保证主体结构整体受力的前提下，应牢固可靠、受力明确、传力简捷、构造合理。

② 连接节点应具有足够的承载力。承载能力极限状态下，连接节点不应发生破坏；当单个连接节点失效时，外墙板不应掉落。

③ 连接部位应采用柔性连接方式，连接节点应具有适应主体结构变形的能力。

④ 节点设计应便于工厂加工、现场安装就位和调整。

⑤ 连接件的耐久性应满足设计使用年限的要求。

（5）外墙板接缝应符合下列规定：

① 接缝处应根据当地气候条件合理选用构造防水、材料防水相结合的防排水措施。

② 接缝宽度及接缝材料应根据外墙板材料、立面分格、结构层间位移、温度变形等综合因素确定；所选用的接缝材料及构造应满足防水、防渗、抗裂、耐久等要求；接缝材料应与外墙板具有相容性；外墙板在正常使用状况下，接缝处的弹性密封材料不应破坏。

③ 与主体结构的连接处应设置防止形成热桥的构造措施。

（6）外围护系统中的外门窗应符合下列规定：

① 应采用在工厂生产的标准化系列部品，并应采用带有披水板的外门窗配套系列部品。

② 外门窗应与墙体可靠连接，门窗洞口与外门窗框接缝处的气密性能、水密性能和保温性能不应低于外门窗的相关性能。

③ 预制外墙中的外门窗宜采用企口或预埋件等方法固定，外门窗可采用预装法或后装法施工；采用预装法时，外门窗框应在工厂与预制外墙整体成型；采用后装法时，预制外墙的门窗洞口应设置预埋件。

④ 铝合金门窗的设计应符合现行行业标准《铝合金门窗工程技术规范》（JGJ 214—2010）的规定。

⑤ 塑料门窗的设计应符合现行行业标准《塑料门窗工程技术规程》（JGJ 103—2008）

的规定。

（7）装配式钢结构建筑的设备与管线设计应符合下列规定：

① 装配式钢结构建筑的设备与管线宜采用集成化技术，标准化设计，当采用集成化新技术、新产品时应有可靠依据。

② 各类设备与管线应综合设计、减少平面交叉，合理利用空间。

③ 设备与管线应合理选型、准确定位。

④ 设备与管线宜在架空层或吊顶内设置。

⑤ 设备与管线安装应满足结构专业相关要求，不应在预制构件安装后凿剔沟槽、开孔、开洞等。

⑥ 公共管线、阀门、检修配件、计量仪表、电表箱、配电箱、智能化配线箱等应设置在公共区域。

⑦ 设备与管线穿越楼板和墙体时，应采取防水、防火、隔声、密封等措施，防火封堵应符合国家现行标准《建筑设计防火规范（2018 年版）》（GB 50016—2014）的规定。

⑧ 设备与管线的抗震设计应符合国家标准《建筑机电工程抗震设计规范》（GB 50981—2014）的有关规定。

（8）给水排水设计应符合下列规定：

① 冲厕宜采用非传统水源，水质应符合国家现行标准《城市污水再生利用　城市杂用水水质》（GB/T 18920—2002）的规定。

② 集成式厨房、卫生间应预留相应的给水、热水、排水管道接口，给水系统配水管道接口的形式和位置应便于检修。

③ 给水分水器与用水器具的管道应一对一连接，管道中间不得有连接配件；宜采用装配式的管线及其配件连接；给水分水器位置应便于检修。

④ 敷设在吊顶或楼地面架空层内的给水排水设备管线应采取防腐蚀、隔声减噪和防结露等措施。

⑤ 当建筑配置太阳能热水系统时，集热器、储水罐等的布置应与主体结构、外围护系统、内装系统相协调，做好预留预埋。

⑥ 排水管道宜采用同层排水技术。

⑦ 应选用耐腐蚀、使用寿命长、降噪性能好、便于安装及更换、连接可靠、密封性能好的管材、管件及阀门设备。

（9）建筑供暖、通风、空调及燃气设计应符合下列规定：

① 室内供暖系统采用低温地板辐射供暖时，宜采用干法施工。

② 室内供暖系统采用散热器供暖时，安装散热器的墙板构件应采取加强措施。

③ 采用集成式卫生间或采用同层排水架空地板时，不宜采用地板辐射供暖系统。

④ 冷热水管道固定于梁柱等钢构件上时，应采用绝热支架。

⑤ 供暖、通风、空气调节及防排烟系统的设备及管道系统宜结合建筑方案整体设计，并预留接口位置；设备基础和构件应连接牢固，并按设备技术文件的要求预留地脚螺栓孔洞。

⑥ 供暖、通风和空气调节设备均应选用节能型产品。

⑦ 燃气系统管线设计应符合国家现行标准《城镇燃气设计规范》（GB 50028—2006）的规定。

本 章 小 结

　　本章主要讲述了什么是装配式钢结构建筑及其在结构方面的设计要点。

　　装配式钢结构结构设计是本章的主要内容。建筑设计方面主要是强调集成化，强调建筑结构系统、外围护系统、内装系统、设备与管线系统的集成；结构方面主要是说明钢材选用、结构体系、结构布置、适用的最大高度、高宽比、层间位移角、风振舒适度验算及在节点连接、支撑方面等需要注意的问题。本章内容参考了《装配式钢结构建筑技术标准》（GBT 51232—2016），感兴趣的读者可以去查阅此规范进行相应内容的学习。

习 题

1. 装配式钢结构与其他结构相比有何优缺点？
2. 装配式钢结构与普通钢结构有哪些相同点与不同点？
3. 装配式钢结构框架的支撑结构形式有哪些？各有什么区别？
4. 装配式钢结构构件的连接设计需要注意什么？
5. 装配式钢结构的楼板有哪些形式？应该如何选用？

第4章 装配式木结构建筑

 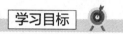
通过本章的学习，学生应熟悉装配式木结构建筑的基本概念，了解装配式木结构设计及连接设计要点，掌握木结构使用与维护要求。

本章重点

装配式木结构建筑的优缺点及类型；装配式木结构设计及连接设计要点。

4.1 装配式木结构建筑概述

4.1.1 装配式木结构建筑的基本概念及优缺点

1. 基本概念

1）装配式木结构建筑

从古至今，凡木结构建筑，都是制作好了结构构件，如柱、梁、檩子等，再装配起来。从这个角度上讲，凡木结构建筑都属于装配式建筑。

本章所述装配式木结构建筑是指结构系统由木结构承重构件组成的，结构系统、外围护系统、设备管线系统和内装系统的主要部分也采用预制部品部件集成的建筑。

这个定义强调了两点：

（1）采用工厂预制的木结构组件和部品装配而成；

（2）4个系统的主要部分采用预制部品部件集成。

2）组件

预制木结构组件是指由工厂制作、现场安装，并具有单一或复合功能的，用于组合成装配式木结构的基本单元，简称木组件。木组件包括柱、梁、预制墙体、预制楼盖、预制屋盖、木桁架、空间组件等。

3）部品

部品是指由工厂生产，构成外围护系统、设备与管线系统、内装系统的建筑单一产品或复合产品组装而成的功能单元的统称，如模块式单元、集成式卫生间等。

2．装配式木结构建筑的优点

（1）有利于生态环境保护；
（2）减少能耗和污染；
（3）质量好，精度高；
（4）质量小，抗震性能好；
（5）舒适度高；
（6）提高了材料使用效率；
（7）提高了现场施工效率；
（8）降低人工成本。

3．装配式木结构建筑的缺点与局限

（1）成本方面没有优势；
（2）防火设防要求高；
（3）适用范围窄，高度受限，主要限于低层建筑中；
（4）需要有木结构组件和部品制作工厂；
（5）对于服务半径有一定要求；
（6）受到运输条件的限制；
（7）需要设计、生产、建造企业紧密合作，协同工作量大。

4.1.2　装配式木结构建筑类型

从第 1 章内容中，已了解到装配式木结构建筑依据结构材料类别可分为 4 种类型：轻型木结构、胶合木结构、方木原木结构和木结构组合建筑。

1．轻型木结构

轻型木结构指主要采用规格材及木基结构板材制作的木框架墙、木楼盖和木屋盖系统构成的单层或多层建筑。轻型木结构由小尺寸木构件（通常称为规格材）按不大于 600mm 的中心间距密置而成（图 4.1）。所用基本材料包括规格材、木基结构板材、工字形搁栅、结构复合材和金属连接件。轻型木结构的承载力、刚度和整体性是通过主要结构构件（骨架构件）和次要结构构件（墙面板、楼面板和屋面板）共同作用获得的。

轻型木结构亦被称为"平台式骨架结构"，这样称谓是因为这种结构形式在施工时以每楼面为平台组装上一层结构构件。

轻型木结构构件之间的连接主要采用铆钉连接，部分构件之间也采用金属齿板连接和专用金属连接件连接。轻型木结构具有施工简便、材料成本低、抗震性能好的优点，但是当钉子排列过密或构件过薄时容易导致木材损坏或劈裂。

轻型木结构建筑可以根据施工现场的运输条件，将木结构的墙体、楼面和屋面承重体系（如楼面梁、屋面桁架）等构件在工厂制作成基本单元，然后在现场进行装配。

图 4.1　轻型木结构建筑

2．胶合木结构

胶合木结构指承重构件主要采用层板胶合木制作的单层或多层建筑，也被称为层板合木结构。胶合木结构包括正交胶合木（cross laminated timber，CLT）、旋切板胶合木（laminated veneer lumber，LVL）、层叠木片胶合木（laminated strand lumber，LSL）和平行木片胶合木（parallel strand lumber，PSL）。

胶合木结构主要包括梁柱式（图 4.2）、空间桁架式（图 4.3）、拱式（图 4.4）、门架式（图 4.5）和空间网壳式等结构形式，还包括直线梁、变截面梁和曲线梁等构件类型。胶合木结构的各种连接节点均采用钢板、螺栓或销钉连接，需进行节点计算。胶合木结构是目前应用较广的木结构形式，其具有以下特点：

图 4.2　胶合木结构梁柱式

图 4.3　胶合木结构空间桁架式

图 4.4　胶合木结构拱式

图 4.5　胶合木结构门架式

（1）具有天然木材的外现魅力。

（2）不受天然木材尺寸限制，能够制作成满足建筑和结构要求的各种形状和尺寸的构件，造型多变。

（3）避免和减少天然木材无法控制的缺陷影响，提高了强度，并能合理级配、量材使用。

（4）具有较高的强重比（强度/重量），能以较小截面满足强度要求；可大幅度减小结构体自重，提高抗震性能；有较高的韧性和弹性，在短期荷载作用下能够迅速恢复原状。

（5）具有良好的保温性，热导率低，热胀冷缩变形小。

（6）构件尺寸和形状稳定，无干裂、扭曲之虞，能减少裂缝和变形对使用功能的影响。

（7）具有良好的调温、调湿性。在相对稳定的环境中，耐腐性能高。

（8）经防火设计和防火处理的胶合木构件具有可靠的耐火性能。

（9）可以采用工业化生产方式，提高生产效率、加工精度和产品质量。

（10）构件自重轻，有利于运输、装卸和安装。

（11）制作加工容易、耗能低，节约能源；能以小材制作出大构件，充分利用木材资源；可循环利用，是绿色环保材料。

（12）一般造价高且夹板不如密度板面层光洁，用夹板作基层，表面上再黏合防火板、铝塑板等饰面板材时，不如中密度板作基层牢固。

3．方木原木结构

方木原木结构是指承重构件主要采用方木或原木制作的单层或多层建筑结构。

方木原木结构在《木结构设计标准》（GB 50005—2017）中被称为普通木结构。考虑以木结构承重构件采用的主要木材材料来划分木结构建筑，因而，在装配式木结构建筑的国家标准中，将普通木结构改称为方木原木结构。

方木原木结构的结构形式主要包括穿斗式结构（图4.6）、抬梁式结构（图4.7）、井干式结构（图4.8）、梁柱式结构（图4.9）、木框架-剪力墙结构，以及作为楼盖或屋盖在其他材料结构（混凝土结构、砌体结构、钢结构）中组合使用的混合结构。这些结构都是在梁柱连接节点、梁与梁连接节点处采用钢板、螺栓或销钉，以及专用连接件等钢连接件进行连接。方木原木结构的构件及其钻孔等构造通常在预制工厂加工制作。

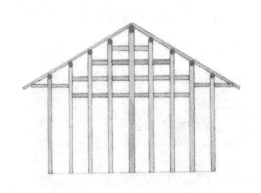

图4.6 穿斗式结构

图4.7 抬梁式结构

| 图 4.8 井干式结构 | 图 4.9 梁柱式结构 |

4．木结构组合建筑

木结构组合建筑指木结构与其他材料组成结构的建筑，主要是与钢结构、钢筋混凝土结构或砌体结构进行组合。组合方式有上下组合与水平组合之分，例如既有建筑平改坡的屋面系统和钢筋混凝土结构中采用木骨架组合墙体系统。上下组合时，下部结构通常采用钢筋混凝土结构。

4.1.3 装配式木结构建筑材料

本节介绍装配式木结构建筑的主要材料是木材、钢材与金属连接件和结构用胶。

装配式木结构建筑所用的保温材料、防火材料、隔声材料、防水密封材料和装饰材料与其他结构建筑一样，这里不一一赘述。

1．木材

装配式木结构建筑的结构木材包括方木原木、规格材、木基结构板、结构复合材和工字形木搁栅。关于木材的选用标准、防火要求、木材阻燃剂要求、防腐要求等，须执行相关的国家标准。

1）方木原木

方木和原木应从规范所列树种中选用。主要承重构件应采用针叶材；重要的木制连接构件应采用细密、直纹、无疵节和无其他缺陷的耐腐的硬质阔叶材。

方木原木结构构件设计时，应根据构件的主要用途选用相应的材质等级。使用进口木材时，应选择天然缺陷和干燥缺陷少、耐腐性较好的树种。首次采用的树种，应严格遵守先试验后使用的原则。

2）规格材

规格材是指宽度和高度按规定尺寸加工的木材。

3）木基结构板、结构复合材和工字形木搁栅

（1）木基结构板包括结构胶合板和定向刨花板，多用于屋面板、楼面板和墙面板。

（2）结构复合材是以承受力的作用为主要用途的复合材料，多用于梁或柱。

（3）工字形木搁栅用结构复合木材作翼缘，水胶黏结，多用于楼盖和屋盖。

4）胶合木层板

胶合木层板的原材料是针叶松，包括：

（1）正交胶合木。至少三层软木层板互相正交垂直。

（2）旋切板胶合木。由云杉或松树旋切成单板，常用作板或梁。

（3）层叠木片胶合木。由防水胶黏合 0.8mm 厚、25mm 宽、300mm 长木片单墙、地板、屋顶、板面形成的木基复合构件。有两种单板：一种是所有木片排列都与长轴方向一致的单板，另一种是部分木片排列与短轴方向一致的单板。前者适用于作梁、檩、柱等，后者适用于墙、地板、屋顶。

（4）平行木片胶合木。由厚约 3cm、宽约 5mm 的单板条制成，板条由酚醛树脂黏合。单板条可以达到 2.6m 长。平行木片胶合木常用作大跨度结构。

（5）胶合木。通常采用花旗松等针叶材的规格材，叠合在一起而形成大尺寸工程木材。

5）木材含水率要求

（1）现场制作方木或原木构件的木材含水率不应大于 25%；

（2）板材、规格材和工厂加工的方木不应大于 20%；

（3）方木原木受拉构件的连接板不应大于 18%；

（4）作为连接件时不应大于 15%；

（5）胶合木层板和正交胶合木层板应为 8%～15%，且同构件各层木板间的含水率差别不应大于 5%；

（6）井干式木结构构件采用原木制作时不应大于 25%，采用方木制作时不应大于 20%，采用胶合木材制作时不应大于 18%。

2．钢材与金属连接件

1）钢材

装配式木结构建筑承重构件、组件和部品连接使用的钢材宜采用 Q235 钢、Q345 钢、Q390 钢和 Q420 钢，应分别符合国家现行标准《碳素结构钢》（GB/T 700—2006）和《低合金高强度结构钢》（GB/T 1591—2018）中的有关规定。

2）螺栓

装配式木结构建筑承重构件、组件和部品连接所使用的螺栓应满足以下要求：

普通螺栓应符合国家现行标准《六角头螺栓》（GB/T 5782—2016）和《六角头螺栓 C 级》（GB/T 5780—2016）的规定。

高强度螺栓应符合国家现行标准《钢结构用高强度大六角头螺栓》（GB/T 1228—2006）、《钢结构用高强度大六角螺母》（GB/T 1229—2006）、《钢结构用高强度垫圈》（GB/T 1230—2006）、《钢结构用高强度大六角头螺栓、大六角螺母、垫圈技术条件》（GB/T 1231—2006）、《钢结构用扭剪型高强度螺栓连接副》（GB/T 3632—2008）的有关规定。

锚栓可采用国家现行标准《碳素结构钢》（GB/T 700—2006）中规定的 Q235 钢或《低

合金高强度结构钢》（GB/T 1591—2018）中规定的 Q345 钢制成。

3）钉

钉的材料性能应符合国家现行标准《紧固件机械性能》（GB/T 3098）及其他相关国家现行标准的规定和要求。

金属连接件应进行防腐蚀处理或采用不锈钢产品。与防腐木材直接接触的金属连接件应避免防腐剂引起的腐蚀。

对于外露的金属连接件可采取涂刷防火涂料等防火措施，防火涂料的涂刷工艺应满足设计要求和相关规范。

3．结构用胶

承重结构用胶必须满足结合部位的强度和耐久性要求，应保证其胶合强度不低于木材顺纹抗剪和横纹抗控的强度。胶连接的耐水性和耐久性，应与结构的用途和使用年限相适应，并应符合环境保护的要求。

承重结构可采用酚类胶和氨基塑料缩聚胶黏剂或单组分聚氨酯胶黏剂，应符合国家现行标准《胶合木结构技术规范》（GB/T 50708—2012）的规定。

4.2　装配式木结构设计

4.2.1　木结构建筑设计

1．适用建筑范围

装配式木结构建筑适用于传统民居、特色文化建筑（如特色小镇）、低层住宅建筑、综合建筑、旅游休闲建筑、文体建筑及宗教建筑等。

目前，我国装配式木结构建筑主要用于三层及三层以下建筑；国外装配式木结构建筑也主要为低层建筑，但也有多层建筑，还有高层建筑。目前世界上最高的装配式木结构建筑为 18 层，57m 高。

2．适用建筑风格

装配式木结构建筑可以方便自如地实现各种建筑风格：自然风格、古典风格、现代风格、既现代又自然的风格和具有雕塑感的风格。

3．建筑设计基本要求

装配式木结构建筑设计基本要求：

（1）满足使用功能、空间、防水、防火、防潮、隔声、热工、采光、节能、通风等要求。

（2）模数协调，采用模块化、标准化设计；进行 4 个系统（结构系统、外围护系统、设备与管线系统、内装系统）集成。

（3）满足工厂化生产、装配化施工、一体化装修、信息化管理的要求。

4．平面设计

平面布置和尺寸应满足：

（1）结构受力的要求；

（2）预制构件的要求；

（3）各个系统集成化的要求。

5．立面设计

（1）应符合建筑类型和使用功能要求，建筑高度、层高和室内净高符合标准化模数。

（2）应遵循"少规格、多组合"原则，根据木结构建造方式的特点实现立面的个性化和多样化。

（3）尽量采用坡屋面。屋面坡度宜为（1：4）～（1：3）。屋檐四周出挑宽度不宜小于600mm。

（4）外墙面凸出物（如窗台、阳台等）应做好泛水。

（5）立面设计宜规则、均匀，不宜有较大的外挑和内收。

（6）烟囱、风道等高出屋面的构筑物应做好与屋面的连接，保证安全。

（7）木构件底部与室外地坪高差应大于等于 300mm；易遭虫害地区，高差大于等于450mm。

6．外围护结构设计

（1）装配式木结构建筑外围护结构包括预制木墙板、原木墙、轻型木质组合墙体、正交胶合木墙体、木结构与玻璃结合等类型，应根据建筑使用功能和艺术风格选用。

（2）外墙围护结构应满足轻质、高强、防火和耐久性的要求，具有一定强度和刚度，满足在地震和风荷载作用下的受力及变形要求，并应根据装配式木结构建筑的特点选用标准化、工业化的墙体材料。

（3）外围护系统应采用支撑构件、保温材料、饰面材料、防水隔气层等集成构件，符合结构、防火、保温、防水、防潮及装饰的功能要求。

（4）采用原木墙体作为外围护墙体时，构件间应加设防水材料。原木墙体最下层构件与砌体或混凝土接触处应设置防水构造。

（5）组合墙体单元的接缝及门窗洞口等防水薄弱部位宜采用材料防水和构造防水相结合的做法。

① 墙板水平接缝宜采用高低缝或企口缝构造；

② 墙板竖缝可采用平口或槽口构造；

③ 板缝空腔需设置导水管排水时，板缝内侧应增设气密条密封。

（6）当外围护结构采用预制墙板时，应满足以下要求：

① 外挂墙板应采用合理的连接节点并与主体结构可靠连接；

② 支承外挂墙板的结构构件应具有足够的承载力和刚度；

③ 外挂墙板与主体结构宜采用柔性连接，连接节点应具有足够的承载力和适应主体结构变形的能力，并应采取可靠的防腐、防锈和防火措施；

④ 外挂墙板之间的接缝应符合防水隔声的要求，并应符合变形协调的要求。

（7）外围护系统应有连续的气密层，并应加强气密层接缝处连接点和接触面局部密封的构造措施。外门窗气密性应符合国家标准的要求。

（8）烟囱、风道、排气管等高出屋面的构筑物与屋面结构应有可靠连接，并应采取防水排水、防火隔热和抗风的构造措施。

（9）外围护结构的构造层应包括防潮层、防水层或隔气层、底层架空层、外墙空气层和屋面通风层。

（10）围护结构组件的饰面材料应满足耐久性要求，并易于清洁、维护。

7. 集成化设计

（1）进行 4 个系统的集成化设计，提高集成度、制作与施工精度和安装效率。

（2）装配式木结构建筑部件及部品设计应遵循标准化、系列化原则，部品的通用性。

（3）装配式木结构建筑部品与主体结构之间、建筑部品之间的连接应稳固牢靠、构造简单、安装方便，连接处应做好防水、防火构造措施，并保证保温隔热材料的连续性及气密性等设计要求。

（4）墙体部品水平拆分位置宜设在楼层标高处，竖向拆分位置宜按建筑单元的开间、进深度尺寸进行划分。

（5）楼板部品的拆分位置宜按建筑单元的开间、进深尺寸进行划分。楼板部品应满足结构安全、防火及隔声等要求，卫生间、厨房下楼板部品还应满足防水、防潮的要求。

（6）隔墙部品宜按建筑单元的开间、进深尺寸划分；墙体应与主体结构稳固连接，应满足不同使用功能房间的隔声、防火要求；下楼板部品还应满足防水、防潮的要求，设备电器或管道等与隔墙的连接应牢固可靠。隔墙部品之间的接缝应采用构造防水和材料防水相结合措施。

（7）预制木结构组件预留的设备与管线预埋件、孔洞、套管、沟槽应避开结构受力薄弱位置，并采取防水、防火及隔声措施。

8. 装修设计

（1）内装修应与建筑结构、机电设备一体化设计，采用管线与结构分离的系统集成技术，并建立建筑与室内装修统一的模数网格系统。

（2）室内装修的主要标准构配件宜采用工业化产品，部分非标准构配件可在现场安装时统一处理，并宜减少施工现场的湿作业。

（3）室内装修内隔墙材料选型，应符合下列规定：

① 宜选用易于安装、拆卸，且隔声性能良好的轻质内隔墙材料，灵活分隔室内空间；

② 内隔墙板的面层材料宜与隔墙板形成整体；

③ 用于潮湿房间的内隔墙板面层材料应防水、易清洗；

④ 采用满足防火要求的装饰材料，避免采用燃烧时产生大量浓烟或有毒气体的装饰材料。

（4）轻型木结构和胶合木结构房屋建筑室内墙面覆面材料宜采用纸面石膏板，如采用其他材料，其燃烧性能技术指标应符合国家现行标准《建筑材料难燃性试验方法》（GB/T 8625—2005）的规定。

（5）厨房间墙面面层应为不燃材料，排油烟机管道一般应做隔热处理，或采用石膏板制作管道通道，避免排烟管道与木材接触。

（6）装修设计应符合下列规定：

① 装修设计应适应工厂预制、现场装配要求，装饰材料应具有定的强度、刚度、硬度，适应运输、安装等需要。

② 应充分考虑装修不同组件间的连接设计，不同装饰材料之间的连接设计。

③ 室内装修的标准构配件宜采用工业化产品。

④ 应减少施工现场的湿作业。

（7）建筑装修材料、设备在需要与预制构件连接时宜采用预留埋件的安装方式，当采用其他安装固定方式时，不应影响预制构件的完整性与结构安全。

9．防护设计

（1）装配式木结构建筑防水、防潮和防生物危害设计应符合国家现行标准《木结构设计标准》（GB 50005—2017）的规定。设计文件中应含有规定采取的防腐措施和防生物危害措施。

（2）需防腐处理的预制木结构组件应在机械加工工序完成后进行防腐处理，不宜在现场再次进行切割或钻孔。装配式木结构建筑应在干作业环境下施工，预制木结构组件在制作、运输、施工和使用过程中应采取防水、防潮措施。外墙板接缝、门窗洞口等防水薄弱部位除应采用防水材料外，尚应采用与防水构造措施相结合的方法进行保护。施工前应对建筑基础及周边进行除虫处理。

（3）除严寒和寒冷地区外，需要控制蚁害。原木墙体靠近基础部位的外表面应使用含防白蚁药剂的漆进行处理，处理高度大于等于 300mm。露天结构、内排水桁架的支座节点处及檩条、搁栅、柱等木构件直接与砌体和混凝土接触部位应进行药剂处理。

10．设备与管线系统设计

（1）设备管道宜集中布置，设备管线预留标准化接口。

（2）预制组件应考虑设备与管线系统荷载、管线管道预留位置和敷设用的预埋件等。

（3）预制组件上应预留必要的检修位置。

（4）铺设产生高温管道的通道，需采用不燃材料制作，并应设置通风措施。

（5）铺设产生冷凝的管道的通道，应采用耐水材料制作，并应设置通风措施。

（6）装配式木结构宜采用阻燃低烟无卤交联聚乙烯绝缘电力电缆、电线或无烟无卤电力电缆、电线。

（7）预制组件内预留有电气设备时，应采取有效措施满足隔声及防火的要求。

（8）装配式木结构建筑的防雷设计应符合《民用建筑电气设计规范》（JGJ 16—2008）、《建筑物防雷设计规范》（GB 50057—2010）等现行国家、行业设计标准；预制构件中需预留等电位连接位置。

（9）装配式木结构建筑设计应合理考虑智能化要求，并在产品预制中综合考虑预留管线；消防控制线路应预留金属套管。

4.2.2　木结构结构设计

1. 结构设计一般规定

1）结构体系要求

（1）装配式木结构建筑的结构体系应满足承载能力、刚度和延性的要求；

（2）应采取加强结构整体性的技术措施；

（3）结构应规则平整，在两个传输方向的动力特性的比值不应大于10%；

（4）应具有合理明确的传力路径；

（5）结构薄弱部位，应采取加强措施；

（6）应具有良好的抗震能力和变形能力。

2）抗震验算

装配式木结构建筑抗震设计时，对于装配式纯木结构，在多遇地震验算时纯木结构的阻尼比可取 0.03，在罕遇地震验算时结构的阻尼比可取 0.05。对于装配式木混合结构，可按位能等效原则计算结构阻尼比。

3）结构布置

装配式木结构竖向布置应连续、均匀，应避免抗侧力结构的侧向刚度和承载力沿竖向突变，并应符合国家现行标准《建筑抗震设计规范》（GB 50011—2010）的有关规定。

4）考虑不利影响

装配式木结构在结构设计时应采取有效措施减小木材因干缩、蠕变而产生的不均匀变形、受力偏心、应力集中或其他不利影响，并应考虑不同材料的温度变化、基础差异沉降等非荷载效应的不利影响。

5）整体性保证

装配式木结构建筑构件的连接应保证结构的整体性，连接节点的强度不应低于被连接构件的强度，节点和连接应受力明确、构造可靠，并应满足承载力、延性和耐久性等要求。当连接节点具有耗能目的时，可做特殊考虑。

6）施工验算

（1）预制组件应进行翻转、运输、吊运、安装等短暂设计状况下的施工验算。验算时，应将预制组件自重标准值乘以动力放大系数后作为等效静力荷载标准值。运输、吊装时，动力系数宜取 1.5，翻转及安装过程中就位、临时固定时，动力系数可取 1.2。

（2）预制木构件和预制木结构组件应进行吊环强度验算和吊点位置的设计。

2. 结构分析

（1）结构体系和结构形式的选用应根据项目特点，充分考虑组件单元拆分的便利性、组件制作的可重复性，以及运输和吊装的可行性。

（2）结构计算应根据结构实际情况确定，所选取的模型应能准确反映结构中各构件的实际受力状态，模型的连接节点的假定应符合结构实际节点的受力状况。分析模型的计算结果经分析、判断确认其合理和有效后方可用于工程设计。结构分析时，应根据连接节点性能和连接构造方式确定结构的整体计算模型。结构分析可选择空间杆系、空间杆墙板元及其他组合有限元等计算模型。

（3）体型复杂、结构布置复杂及特别不规则结构和严重不规则结构的多层装配式木结构建筑，应采用至少两种不同的结构分析软件进行整体计算。

（4）装配式木结构内力计算可采用弹性分析。分析时可根据楼板平面内的整体刚度情况假定楼板面内的刚性。当有措施保证楼板的整体刚度时，可假定楼板平面内为无限刚性，否则应考虑楼板平面内变形的影响。应根据内力分析结果，结合生产、运输和安装条件确定组件的拆分单元。

（5）当装配式木结构建筑的结构形式采用梁柱支撑结构或梁柱-剪力墙结构时，不应采用单跨框架体系。

（6）装配式木结构建筑中抗侧力构件承受的剪力：对于柔性楼、屋盖建筑，抗侧力构件承受的剪力宜按抗侧力构件从属面积上重力荷载代表值的比例分配；对于刚性楼、屋盖建筑，抗侧力构件承受的剪力宜按抗侧力构件等效刚度的比例分配。

（7）按弹性方法计算的风荷载或多遇地震标准值作用下的楼层层间位移角应符合下列规定：

① 轻型木结构建筑不得大于1/250；

② 多高层木结构建筑不大于1/350；

③ 轻型木结构建筑和多高层木结构建筑的弹塑性层间位移角不得大于1/50。

（8）装配式木结构中抗侧力构件承受的剪力，对于柔性楼盖、屋盖宜按面积分配法进行分配；对于刚性楼盖、屋盖宜按抗侧力构件等效刚度的比例进行分配。

3．组件设计

装配式木结构建筑的组件主要包括预制梁、柱、板式组件和空间组件等，组件设计时须确定集成方式。集成方式包括：①散件装配；②散件或分部组件在施工现场装配为整体用件再进行安装；③在工厂完成组件装配，运到现场直接安装。

集成方式须依据组件尺寸是否符合运输和吊装条件确定。组件的基本单元应当规格化，便于自动化制作。组件安装单元可根据现场情况和吊装等条件采用以下组合方式：采用运输单元作为安装单元。

当预制构件之间的连接件采用暗藏方式时，连接件部位应预留安装洞口，安装完成后，采用在工厂预先按规格切割的板材进行封闭。

1）梁柱构件设计

梁柱构件的设计验算应符合国家现行标准《木结构设计标准》（GB 50005—2017）和《胶合木结构技术规范》（GB/T 50708—2012）的规定；在长期荷载作用下，应进行承载力和变形等验算；在地震作用和火灾状况下，应进行承载力验算。

用于固定结构连接件的预埋件不宜与预埋吊件、临时支撑用的预埋件兼用；当必须兼用时，应同时满足所有设计工况的要求。预制构件中预埋件的验算应符合国家现行标准《木结构设计标准》（GB 50005—2017）、《钢结构设计标准》（GB 50017—2017）和《木结构工程施工规范》（GB/T 50772—2012）的规定。

2）墙体、楼盖、屋盖设计

（1）装配式木结构的楼板、墙体，均应按国家现行标准《木结构设计标准》（GB 50005—2017）的规定进行验算。

（2）墙体、楼盖和屋盖按预制程度不同，可分为开放式组件和封闭式组件。

（3）预制木墙体的墙骨柱、顶梁板、底梁板及墙面板应按国家现行标准《木结构设计标准》（GB 50005—2017）和《多高层木结构建筑技术标准》（GB/T 51226—2017）的规定进行设计。

① 应验算墙骨柱与顶梁板、底梁板连接处的局部承压承载力；

② 顶梁板与楼盖、屋盖的连接应进行平面内、平面外的承载力验算；

③ 外墙中的顶梁板、底梁板与墙骨柱的连接应进行墙体平面外承载力验算。

（4）预制木墙板在竖向及平面外荷载作用时，墙骨柱宜按两端铰接的受压构件设计，构件在平面外的计算长度应为墙骨柱长度；当墙骨柱两侧布置木基结构板或石膏板等覆面板时，可不进行平面内的侧向稳定验算，平面内只需进行强度计算；墙骨柱在竖向荷载作用下，在平面外弯曲的方向应考虑 0.05 倍墙骨柱截面高度的偏心距。

（5）预制木墙板中外墙骨柱应考虑风荷载效应的组合，应按两端铰接的压弯构件设计。当外墙围护材料较重时，应考虑围护材料引起的墙体平面外的地震作用。

（6）墙板、楼面板和屋面板应采用合理的连接形式，并应进行抗震设计。连接节点应具有足够的承载力和变形能力，并应采取可靠的防腐、防锈、防虫、防潮和防火措施。

（7）当非承重的预制木墙板采用木骨架组合墙体时，设计和构造要求应符合国家标准《木骨架组合墙体技术标准》（GB/T 50361—2018）的规定。

（8）正交胶合木墙体的设计应符合国家标准《多高层木结构建筑技术标准》（GB/T 51226—2017）的要求。

① 剪力墙的高宽比不宜小于 1，并不应大于 4；当高宽比小于 1 时，墙体宜分为两段，中间应用耗能金属件连接。

② 墙应具有足够的抗倾覆能力，当结构自重不能抵抗倾覆力矩时，应设置抗拔连接件。

（9）装配式木结构中楼盖宜采用正交胶合木楼盖、木搁栅与木基结构板材楼盖。装配式木结构中屋盖系统可采用正交胶合木屋盖、橡条式屋盖、斜撑梁式屋盖和桁架式屋盖。

（10）橡条式屋盖和斜梁式屋盖的组件单元尺寸应按屋盖板块大小及运输条件确定。

（11）桁架式屋盖的桁架应在工厂加工制作。桁架式屋盖的组件单元尺寸应按屋盖板块大小及运输条件确定，并应符合结构整体设计的要求。

（12）楼盖体系应按国家现行标准《木结构设计标准》（GB 50005—2017）的规定进行搁栅振动验算。

3）其他组件设计

（1）装配式木结构建筑中的木楼梯和木阳台宜在工厂按一定模数预制为组件。

（2）预制木楼梯与支撑构件之间宜采用简支连接。

① 预制楼梯宜一端设置固定铰，另一端设置滑动铰，其转动及滑动能力应满足结构层间位移的要求，在支撑构件上的最小搁置长度不宜小于 100mm；

② 预制楼梯设置滑动铰的端部应采取防止滑落的构造措施。

（3）装配式木结构建筑中的预制木楼梯可采用规格材、胶合木、正交胶合木制成。楼梯的梯板梁应按压弯构件计算。

（4）装配式木结构建筑中的阳台可采用挑梁式预制阳台或挑板式预制阳台。其结构构件的内力和正常使用阶段变形应按国家现行标准《木结构设计标准》（GB 50005—2017）的规定进行验算。

（5）楼梯、电梯井、机电管井、阳台、走道、空调板等组件宜整体分段制作，设计时应按构件的实际受力情况进行验算。

4．吊点设计

木结构组件和部品吊点设计包括：

1）吊装方式的确定

木结构组件和部品吊装方式包括软带捆绑式、预埋螺母式等。设计时需要根据组件或部品的质量、形状确定吊装方式。

2）吊点位置的确定

根据组件和部品的形状、尺寸，选择受力合理和变形最小的吊点位置；异形构件需要根据重心计算确定吊点位置。

3）吊装复核的计算

复核计算吊装用软带、吊索和吊点受力。

4）临时加固措施设计

对刚度差的构件，或吊点附近应力集中处，应根据吊装受力情况对其采用临时加固措施。

4.3 木结构连接设计

4.3.1 连接设计的一般规定

（1）工厂预制的组件内部连接应符合强度和刚度的要求，组件间的连接质量应符合加工制作工厂的质量检验要求。

（2）预制组件间的连接可按结构材料、结构体系和受力部位采用不同的连接形式。连接的设计应：

① 满足结构设计和结构整体性要求。

② 受力合理，传力明确，避免被连接的木构件出现横纹受拉破坏。

③ 满足延性和耐久性的要求；当连接具有耗能作用时，可进行特殊设计。

④ 连接件宜对称布置，宜满足每个连接件能承担按比例分配的内力的要求。

⑤ 同一连接中不得考虑两种或两种以上不同刚度连接的共同作用，不得同时采用直接传力和间接传力两种传力方式。

⑥ 连接节点应便于标准化制作。

（3）应设置合理的安装公差。

（4）预制木结构组件与其他结构之间宜采用锚栓或螺栓进行连接。螺栓或锚栓的直径和数量应按照计算确定，计算时应考虑风荷载和地震作用引起的侧向力，以及风荷载引起的上拔力。上部结构产生的水平力和上拔力应乘以 1.2 倍的放大系数。当有上拔力时，还应采用金属连接件进行连接。

（5）建筑部品之间、建筑部品与主体结构之间，以及建筑部品与木结构组件之间的连接应稳固牢靠、构造简单、安装方便，连接处应采取防水、防潮和防火的构造措施，并应符合保温隔热材料的连续性及气密性的要求。

4.3.2 木组件之间连接节点设计

（1）木组件与木组件的连接方式可采用钉连接、螺栓连接、销钉连接、齿板连接、金属连接件连接或榫卯连接。当预制次梁与主梁、木梁与木柱之间连接时，宜采用钢插板、钢夹板和螺栓进行连接。

（2）钉连接和螺栓连接可采用双剪连接或单剪连接。当钉连接采用的圆钉有效长度小于 4 倍钉直径时，不应考虑圆钉的抗剪承载力。

（3）处于腐蚀环境、潮湿或有冷凝水环境的木桁架不宜采用齿板连接。齿板不得用于传递压力。

（4）预制木结构组件之间应通过连接形成整体，预制单元之间不应相互错动。

（5）在单个楼盖、屋盖计算单元内，可采用能提高结构整体抗侧力的金属拉条进行加固。金属拉条可用作下列构件之间的连接构造措施：

① 楼盖、屋盖边界构件的拉结或边界构件与外墙间的拉结；

② 楼盖、屋盖平面内剪力墙之间或剪力墙与外墙的拉结；

③ 剪力墙边界构件的层间拉结；

④ 剪力墙边界构件与基础的拉结。

（6）当金属拉条用于楼盖、屋盖平面内拉结时，金属拉条应与受压构件共同受力。当平面内无贯通的受压构件时，应设置填块。填块的长度应按计算确定。

4.3.3 木组件与其他结构连接设计

（1）木组件与其他结构的水平连接应符合组件间内力传递的要求，并应验算水平连接处的强度。

（2）木组件与其他结构的竖向连接，除应符合组件间内力传递的要求外，还应符合被连接组件在长期作用下的变形协调要求。

（3）木组件与其他结构的连接宜采用销轴类紧固件的连接方式，连接时应在混凝土中设置预埋件。连接锚栓应进行防腐处理。

（4）木组件与混凝土结构的连接锚栓应进行防腐处理。连接锚栓应承担由侧向力引起的全部基底水平剪力。

（5）轻型木结构的螺栓直径不得小于 12mm，间距不应大于 2.0m，埋入深度不应小于 25 倍螺栓直径；地梁板的两端 100～300m 处，应各设一个螺栓。

（6）当木组件的上拔力大于重力荷载代表值的 0.65 倍时，预制剪力墙两侧边界构件的层同连接或抗拔锚固件连接应按承受全部上拔力进行设计。

（7）当木屋盖和木楼盖作为混凝土或砌体墙体的侧向支承时，应采用锚固连接件直接将墙体与木屋盖、楼盖连接。锚固连接件的承载力应按墙体传递的水平荷载计算，且锚固连接沿墙体方向的抗剪承载力不应小于 3.0kN/m。

（8）装配式木结构的墙体应支撑在混凝土基础或砌体基础顶面的混凝土梁上，混凝土基础或梁顶面砂浆应平整，倾斜度不应大于 0.2%。

（9）木组件与钢结构连接宜采用销轴类紧固件的连接方式。当采用剪板连接时，紧固件应采用螺栓或木螺钉，剪板采用可锻造铁制作。剪板构造要求和抗剪承载力计算应符合国家现行标准《胶合木结构技术规范》（GB/T 50708—2012）的规定。

4.3.4 其他连接

（1）外围护结构的预制墙板应采用合理的连接节点并与主体结构进行可靠连接；支撑外挂墙板的结构构件应具有足够的承载力和刚度；外挂墙板与主体结构宜采用柔性连接，连接节点应具有足够的承载力和适应主体结构变形的能力，并应采取可靠的防腐、防锈和防火措施。

（2）轻型木结构地梁板与基础的连接锚栓应进行防腐处理。连接锚栓应承担由侧向力引起的全部基底水平剪力。

地梁板应采用经加压防腐处理的规格材，其截面尺寸应与墙骨相同。地梁板与混凝土基础或圈梁应采用预埋螺栓、化学锚栓或植筋锚固，螺栓直径不应小于 12mm，间距不应大于 2.0m，埋置深度不应小于 300mm，螺母下应设直径不小于 50mm 的垫圈。在每根地梁板两端和每片剪力墙端部均应有螺栓锚固，端距不应大于 300mm，钻孔孔径可比螺杆直径大 1～2mm。地梁板与基础顶的接触面间应设防潮层，防潮层可选用厚度不小于 0.2mm 的聚乙烯薄膜，存在的缝隙需用密封材料填满。

4.4 木结构使用与维护要求

4.4.1 一般规定

（1）装配式木结构建筑设计时应考虑使用期间检测和维护的便利性。

（2）装配式木结构建筑工程移交时应提供房屋使用说明书，除该项目基本情况和项目建设有关单位基本信息外，还需提供：

① 建筑物使用注意事项；

② 装修注意事项；

③ 给水、排水、电、燃气、热力、通信、消防等设施配置说明；

④ 设备、设施安装预留位置的说明和安装注意事项；

⑤ 承重墙、保温墙、防水层、阳台等部位注意事项；

⑥ 用户发现建筑使用问题反映、投诉渠道；

⑦ 使用过程中不得随意变更建筑物用途、变更结构布局、拆除受力构件的要求等。

（3）在使用初期，应制定明确的装配式木结构建筑检查和维护制度。

（4）在使用过程中，应详细准确记录检查和维修的情况，并应建立检查和维修的技术档案。

（5）当发现装配式木结构有腐蚀或虫害的迹象时，应按腐蚀程度、虫害的性质和损坏程度制定处理方案，并应及时进行补强加固或更换。

4.4.2 检查要求

装配式木结构建筑工程竣工使用 1 年时，应进行全面检查；此后宜按当地气候特点、建筑使用功能等，每隔 3～5 年进行检查。检查项目包括防水、受潮、排水、消防、虫害、腐蚀、机构组件损坏、构件连接松动、用户违规改用等情况。

4.4.3 维护要求

对于检查项目中不符合要求的内容，应组织实施一般维护，包括：修复异常连接件；修复受损木结构屋盖板，并清理屋面排水系统；修复受损墙面、顶棚；修护外墙围护结构渗水；更换或修复已损坏或已老化的零部件；处理和修护室内卫生间、厨房的渗漏水和受潮部位；更换异常消防设备。

对一般维修无法修复的项目，应组织专业施工单位进行维修、加固和修复。

本 章 小 结

本章内容包括装配式木结构建筑概述、装配式木结构设计、木结构连接设计、木结构使用与维护要求。

装配式木结构建筑概述主要介绍了装配式木结构建筑的基本概念及优缺点、装配式木结构建筑类型、装配式木结构建筑材料。

装配式木结构设计主要介绍了木结构建筑设计和木结构结构设计。

木结构连接设计主要介绍了连接设计的一般规定、木组件之间连接节点设计、木组件与其他结构连接设计、其他连接。

木结构使用与维护要求主要介绍了一般规定、检查要求和维护要求。

习 题

1. 什么是装配式木结构建筑？其优缺点有哪些？
2. 装配式木结构结构设计涉及哪些方面？
3. 装配式木结构建筑的主要构件和连接方式有哪些？
4. 装配式木结构建筑的维护要求有哪些？

第5章 装配式建筑品构件生产

学习目标

通过本章的学习，学生应掌握预制构件拆分的原则及方法；掌握预制构件外观质量判定方法、预制构件尺寸允许偏差及构件表面破损和裂缝处理方法等；熟悉预制构件制作工艺流程及适用情况；了解预制构件吊运、堆放及运输的注意事项；了解装配式钢结构生产工艺分类及适用范围、钢结构构件成品保护措施；掌握钢构件搬运、存放及运输相关规定；了解装配式木结构制作、验收及运输等相关要求。

本章重点

预制构件制作工艺流程及适用情况、预制构件吊装及运输的相关要求、预制构件质量检验内容及要点等。

5.1 装配式混凝土建筑品构件生产

5.1.1 装配式混凝土建筑结构拆分方案

在结构设计方面，装配式混凝土建筑与现浇混凝土建筑相比主要增加了拆分设计、预制构件设计和连接节点设计等三项内容。只有通过对构件的科学拆分才能实现构件标准化生产，同时预制构件科学拆分对建筑功能、建筑平立面、结构受力状况、预制构件承载能力、工程造价等都会产生影响。拆分不仅是技术工作，也包含对外部条件的调研和经济性分析。从结构合理性考虑，拆分原则如下：

（1）结构拆分应考虑结构的合理性，如叠合楼板按单向还是双向考虑；

（2）构件接缝宜选在应力较小部位；

（3）尽可能减少构件规格和连接节点种类；

（4）宜与相邻的相关构件拆分协调一致，如叠合板拆分与其支座梁的拆分需要协调；

（5）充分考虑预制构件的制作、运输、安装各环节对预制构件拆分设计的限制，遵循受力合理、连接简单、施工方便、少规格、多组合的原则。

根据功能与受力的不同，构件主要分为垂直构件（预制剪力墙等）、水平构件（预制楼板、预制阳台空调板、预制楼梯等）及非受力构件（预制装配式外墙板及丰富建筑外立面、提升建筑整体美观性的装饰构件等）。具体拆分方法：柱一般按层高进行拆分，也可以拆分为多节柱。主梁一般按柱网拆分为单跨梁；次梁以主梁间距为单元划分为单跨梁。预制剪力墙最好全部拆分为二维构件。单个构件的中梁一般不大于5t，最大构件控制在10t以内。楼板拆分时分单向叠合板拆分设计和双向叠合板拆分设计；外挂墙板作为装配式混凝土结构上的非承重外围护挂板，其划分宜限于一个层高和一个开间。

5.1.2 装配式混凝土结构的深化设计

装配式混凝土结构的深化设计是装配式混凝土结构设计的重要组成部分，深化设计补充并完善了方案设计对构件生产和施工实施方案考虑的不足，有效解决了生产和施工中因方案设计与实际现场产生的诸多冲突，最终保障了方案设计的有效实施，因此深化设计在装配式混凝土结构设计中必不可少，是装配式设计与施工之间的桥梁与纽带。

传统设计习惯按照专业进行分别出图，而每一个预制构件的所有信息需要综合，信息之间有可能发生碰撞与冲突，且部分信息在设计图纸中并未完整反映，因此在施工之前，需要把上述所有信息都综合在一张图纸上，就形成了最终的深化图纸。深化设计的主要目的就是整合所有专业图纸信息，并融合现场施工、构件生产阶段的施工措施，使构件在生产、运输、安装、运维各阶段施工顺利，减少或者杜绝可能出现的设计变更。

（1）深化设计与建筑设计的关系：预制构件深化设计应在建筑方案设计阶段介入，这样可以从装配式混凝土结构的视角对建筑方案给出建议，协助确定建筑方案等。

（2）深化设计与结构设计的关系：结构设计过程中，应综合考虑后期预制构件深化设计的需求，进行结构方案布置，包含梁板布置及配筋等。

（3）深化设计与暖通、给水排水、电气、装修等专业的关系：预制构件深化设计人员应与上述各专业人员沟通确定预制构件的细部构造，避免出现各专业图纸信息不一致造成的碰撞与冲突，增加设计负担。

（4）深化设计与构件生产、运输、施工、运维等的关系：预制构件深化设计应考虑构件生产、堆放、运输、施工及运维的可操作性，同时应考虑经济性等。

预制构件的拆分图包括平面拆分布置图和立面拆分布置图，应标注每个构件的编号，与现浇混凝土（包括后浇混凝土连接节点等）进行区分，标识不同的颜色和图例。

此外，应充分考虑预制构件与现浇混凝土结构的不同，需要对构件制作环节的脱模、翻转、堆放、运输等环节的卸载与支承，安装环节的吊装、定位、临时支承等进行综合分析和最不利工况组合的承载验算，符合《装配式混凝土结构技术规程》（JGJ 1—2014）和《混凝土结构工程施工规范》（GB 50666—2011）的有关规定。

预制构件深化设计图纸分为施工图设计和预制构件加工图设计两个阶段，主要包括现浇梁板柱及墙等构件详图、预制构件平面及立面布置图、构件模板图、构件配筋图、混凝土节点构造详图等。

在装配式结构深化设计过程中，预制构件应根据《装配式混凝土结构表示方法及示例（剪力墙结构)》（15G107-1）进行编号，从而为预制构件在工厂的生产和现场的吊装产生便利，具体如表 5.1 所示规定。

表 5.1　预制构件命名规则

预制构件类型	代号	序号	示例	含义
预制外墙板	YWQ	××	YWQ1	预制外墙，编号为 1
预制内墙板	YNQ	××	YNQ5	预制内墙，编号为 5
约束边缘构件后浇段	YHJ	××	YHJ1	约束边缘构件后浇段，编号为 1
构造边缘后浇段	GHJ	××	GHJ1	构造边缘后浇段，编号为 1
非边缘构件后浇段	AHJ	××	AHJ3	非边缘构件后浇段，编号为 3
叠合楼面板	DLB	××	DLB3	楼面板为叠合楼板，序号为 3
叠合屋面板	DWB	××	DWB2	屋面板为叠合楼板，序号为 2
叠合悬挑板	DXB	××	DXB1	悬挑板为叠合楼板，序号为 1
预制双跑楼梯	ST-aa-bb		ST-28-25	预制钢筋混凝土板式楼梯为双跑楼梯，层高为 2800mm，宽度为 2500mm
预制剪刀楼梯	JT-aa-bb		JT-29-26	预制钢筋混凝土板式楼梯为剪刀楼梯，层高为 2900mm，楼梯间净宽为 2600mm
预制阳台板	YYTB	××	YYTB1	预制阳台板，序号为 1
预制空调板	YKTB	××	YKTB2	预制空调板，序号为 2
预制女儿墙	YNEQ	××	YNEQ3	预制女儿墙，序号为 3

为了便于构件的识别和质量溯源，预制构件还应标识基本信息，在生产过程中，可采用二维码、条形码等方式对预制构件进行标识。标识信息应包括构件名称、编号、型号、安装位置、设计强度、生产日期、质检员等内容。

5.1.3　装配式混凝土结构预制构件的制作

1．预制构件生产概况

PC 构件应用领域广泛、结构形式和种类多样。随着国家建筑产业政策的不断推进，装配式建造技术的日益完善，机械装备水平的不断提高，混凝土技术的不断发展，未来还将会开发出许多新型、高品质、性能各异的 PC 构件产品服务于我国装配式建筑的发展。

装配式混凝土结构建筑的基本预制构件，按照组成建筑的构件特征和性能划分，包括：

（1）预制楼板（含预制实心板、预制空心板、预制叠合板、预制阳台）；

（2）预制梁（含预制实心梁、预制叠合梁、预制 U 型梁）；

（3）预制墙（含预制实心剪力墙、预制空心墙、预制叠合式剪力墙、预制非承重墙）；

（4）预制柱（含预制实心柱、预制空心柱）；

（5）预制楼梯（预制楼梯段、预制休息平台）；

（6）其他复杂异形构件（预制飘窗、预制带飘窗外墙、预制转角外墙、预制整体厨房卫生间、预制空调板等）。

各种预制构件根据工艺特征不同，还可以进一步细分，例如，预制叠合楼板包括预制预应力叠合楼板、预制桁架钢筋叠合楼板、预制带肋预应力叠合楼板（PK 板）等；预制实心剪力墙包括预制钢筋套筒剪力墙、预制约束浆锚剪力墙、预制浆锚孔洞间接搭接剪力墙等；预制外墙从构造上又可分为预制普通外墙、预制夹心"三明治"保温外墙等。总之，预制构件的表现形式是多样的，可以根据项目特点和要求灵活采用。

2．预制构件制作工艺流程

装配式混凝土结构预制构件制作工艺按模具是否移动可分为固定方式和移动方式两大类。固定方式是指模具布置在固定位置的制作工艺，包括固定模台工艺、长线模台工艺和预应力工艺等。移动方式（即流水线工艺）是指模具在生产线上移动的制作工艺。制作工艺的选择需要综合考虑构件类型、复杂程度、构件品种等因素。

1）固定模台工艺

固定模台采用一块平整度较高的钢构平台或高平整度的水泥基材料平台作为底模，在模台上固定构件侧模，组合形成完整的模具，如图 5.1 所示。在车间里布置一定数量的固定模台，模台固定不动，作业人员和钢筋、混凝土等材料在各个模台间"流动"，绑扎或焊接好的钢筋用起重机送到各个固定模台处，混凝土用送料机或送料吊斗送到模台处，养护蒸汽管道也通到各个模台下。构件就地养护，构件脱模后再用起重机送到存放区。固定模台工艺对产品适应性强、加工工艺灵活，但属于手工作业，难以机械化，人工消耗较多，生产效率较低。

图 5.1　固定模台生产线

根据模板是否水平，固定模台工艺分为平模工艺和立模工艺（又分为独立立模和组合立模）两种形式。独立立模适用于独立浇筑柱子或楼梯板，如图 5.2 所示；组合立模适用于成组浇筑墙板，如图 5.3 所示。立模工艺具有节省空间、养护效果好、预制钢筋表面平整等优点，但其受制于构件形状，通用性不强。

图 5.2　独立立模（预制楼梯）

图 5.3　组合立模（预制墙板）

2）长线模台工艺

长线模台工艺是指模台较长（一般超过 100m），操作人员和设备在生产产品的不同环节，沿长线模台依次移动。模台用混凝土浇筑而成，按构件的种类和规格进行构件的单层或叠层生产，或采用快速脱模的方法生产较大的梁、柱类构件。

对于板式预应力构件，如普通预应力楼板，一般采用挤压拉模工艺进行预制生产。

对于预应力叠合楼板，通常采用长线模台工艺进行成批次预制生产。每个台位的预应力筋张拉到设计值后，浇筑混凝土并振捣（图 5.4）。

非预应力叠合梁、板、柱亦可采用长线模台工艺预制生产（图 5.5）。

图 5.4　预制叠合板长线模台工艺

图 5.5　预制梁长线模台工艺

3）预应力工艺

根据施加预应力钢筋的先后顺序，将预应力工艺分为先张法预应力工艺和后张法预应力工艺，前者适用于制作预应力楼板，后者适用于制作混凝土梁等。

4）流水线工艺

流水线工艺（图 5.6）是指按工艺要求在生产线上依次设置若干操作工位，在模台沿生产线行走过程中完成各道工序，然后将已成型的构件连同模台送进养护窑。在流水线上模台通过移动装置在水平和竖直两个方向循环，首先进行模具处理，如清洁模具、喷涂隔离膜、模具拼装等，然后将钢筋、预埋件、管道布置入模具内并浇筑混凝土，待养护到要求强度后拆除模具，有些表观质量要求高的预制构件还需进行精加工修整，最后送到存放区。这种工艺的特征和优势为：模台在生产线上循环流动，能够快速高效地生产各类外形规格简单的产品，同时也能制作耗时且更复杂的产品，而且不同产品生产工序之间互不影响，生产效率明显提高。因此，为了满足装配式建筑产业的发展需求，无论从生产效率还是质量管理角度考虑，流水线工艺无疑是一种较为理想的预制构件生产方式。

图 5.6　流水线工艺

平模流水线一般设置成环形，适用于构件几何尺寸规整的板类构件，如"三明治"外墙板、内墙板、叠合板等。平模流水线具有效率高、能耗低的优势，但一次性投入的资金多，是目前国内普遍采用的 PC 构件生产流水线方式。

以生产"三明治"外墙板为例，在平模流水线中，有模台清扫、隔离剂喷涂、画线、内叶板模板钢筋安装、预埋件安装、一次浇筑混凝土、混凝土振捣、外叶板模板安装、保温板安放、连接件安装、外叶板钢筋网片安装、预埋件安装、二次浇筑混凝土、振捣刮平、构件预养护、构件抹光、构件蒸养、构件脱模、墙板吊运、修复检查、清洗打码等 21 道生产工序。

近年来，由于传统平模流水线只能生产单一产品，兼容性差，不能很好地释放生产线产能，受到机械、电子制造业的柔性生产线启发，出现了柔性平模流水线。这种方法具有适应性强、灵活性高的特点，在同一条生产线上，能同时生产多种不同规格的 PC 构件，极大地提高了生产线的产能，发挥出机械化优势，快速摊薄生产线的投入成本，缩短成本回收周期。目前，国内的柔性平模流水线尚处于研发试验阶段，尚未被大量应用。

3．预制构件的质量检验

1）预制构件成品的质量检验
预制构件脱模之后外观质量应符合表 5.2 的规定，外观质量不宜有一般缺陷，不应有严重缺陷。对于已经出现的一般缺陷，应进行修补处理，并重新检查验收；对于已经出现的严重缺陷，修补方案应经设计、监理单位认可后进行修补处理，并重新检查验收。

表 5.2 预制构件外观质量判定方法

项目	现象	质量要求	判定方法
露筋	钢筋未被混凝土完全包裹而外露	受力主筋不应有，其他构造钢筋和箍筋允许有少量	观察
蜂窝	混凝土表面石子外露	受力主筋部位和支撑点位置不应有，其他部位允许有少量	观察
孔洞	混凝土中孔穴深度和长度超过保护层厚度	不应有	观察
夹渣	混凝土中夹有杂物且深度超过保护层厚度	禁止夹渣	观察
外形缺陷	内表面缺棱掉角、表面翘曲、抹面凹凸不平，外表面面砖黏结不牢、位置偏差、面砖嵌缝没有达到横平竖直、转角面砖棱角不直、面砖表面翘曲不平	内表面缺陷基本不允许，要求达到预制构件允许偏差；外表面仅允许极少量缺陷，但禁止面砖黏结不牢、位置偏差、面砖翘曲不平不得超过允许值	观察
外表缺陷	内表面麻面、起砂、掉皮、污染，外表面面砖污染、窗框保护纸破坏	允许少量污染等不影响结构使用功能和结构尺寸的缺陷	观察
连接部位缺陷	连接处混凝土缺陷及连接钢筋、连接件松动	不应有	观察
破损	影响外观	影响结构性能的破损不应有，不影响结构性能和使用功能的破损不宜有	观察
裂缝	裂缝贯穿保护层到达构件内部	影响结构性能的破损不应有，不影响结构性能和使用功能的裂缝不宜有	观察

预制构件尺寸偏差及检验方法应符合表 5.3 的规定，设计有专门规定时，尚应符合设计要求。施工过程中临时使用的预埋件，其中心线位置允许偏差可取表 5.3 中规定数值的 2 倍。同一类型的构件，不超过 100 个为一批，每批应抽查构件数量的 5%，且不应少于 3 个。

表 5.3 预制构件尺寸允许偏差及检验方法

项目			允许偏差/mm	检验方法
外形尺寸	长度	梁、楼板	<12m	±5	尺量
			≥12m 且<18m	±10	
		柱（高度）		+5，−10	
		墙板（高度）		±4	
		楼梯板		±5	
	宽度	楼板、梁、柱		±5	尺量
		墙板		±4	
	厚度	柱、梁		±5	尺量
		楼板、墙板		±3	
	对角线差值	楼板		5	尺量两个对角线
		墙板		5	
	表面平整度	柱、梁、墙板内表面		5	2m 靠尺和塞尺检查
		楼板底面、墙板外表面		3	

续表

项目		允许偏差/mm		检验方法
外形尺寸	侧向弯曲	柱、梁、楼板	$L/750$ 且≤10	拉线,直尺量测最大弯曲处
		墙板	$L/1000$ 且≤10	
	翘曲	楼板	$L/750$ 且≤5	调平尺在两端量测
		墙板	$L/1000$ 且≤5	
预留孔洞	预留孔	中心线位置	5	尺量
		孔尺寸、深度	5	
	预留洞	中心线位置	5	尺量
		洞口尺寸	+10,0	
预埋件	预留插筋	中心线位置	5	尺量
		外露长度	+10,0	
		插筋倾斜	3	拉垂线、尺量
	预埋件	预埋套筒 中心线位置	2	尺量
		预埋套筒 与混凝土平面高差	0,−5	
		预埋套筒 垂直度	3	
		预埋螺栓 中心线位置	5	
		预埋螺栓 外露长度	+10,−5	
		预埋钢板 中心线位置	5	
		预埋钢板 与混凝土平面高差	0,−5	
键槽		中心线位置	5	尺量
		长度、宽度	±5	
		深度	+10,−5	

注:L 为构件长度(mm)。检查中心线和孔洞尺寸偏差时,沿纵、横两个方向测量,并取其中偏差较大值。

2)预制构件表面修补

预制构件脱模后,当出现表面破损和裂缝时,应按表 5.4 所示要求进行废弃处理或修补使用。

表 5.4　构件表面破损和裂缝处理方法

项目	缺陷描述	处理方案	检查依据与方法
破损	1. 影响结构性能且不能恢复的破损	废弃	目测
	2. 影响钢筋、连接件、预埋件锚固的破损	废弃	目测
	3. 上述 1、2 以外的,破损长度超过 20mm	修补 1	目测、卡尺测量
	4. 上述 1、2 以外的,破损长度 20mm 以下	现场修补	—
裂缝	1. 影响结构性能且不可恢复的裂缝	废弃	目测
	2. 影响钢筋、连接件、预埋件锚固的裂缝	废弃	目测
	3. 裂缝宽度大于 0.3mm 且裂缝长度超过 300mm	废弃	目测、卡尺测量
	4. 上述 1、2、3 以外的,裂缝宽度超过 0.2mm	修补 2	目测、卡尺测量
	5. 上述 1、2、3 以外的,宽度不足 0.2mm 且在外表面时	修补 3	目测、卡尺测量

注:修补 1——用不低于混凝土设计强度的专用修补浆料修补。修补 2——用环氧树脂浆料修补。修补 3——用专用防水浆料修补。

3)预制构件标识与产品合格证

预制构件检验合格后,工厂质检人员应对合格的产品(半成品)签发合格证和说明书,并在预制混凝土构件表面醒目位置标注产品代码。标识不全的构件不得出厂。预制构件生产企业的产品合格证应包括合格证编号、构件编号；产品数量；预制构件型号；质量情况；生产企业名称、生产日期、出厂日期；检验员签名。

预制构件应根据构件设计制作及施工要求设置编码系统，并在构件表面醒目位置设置标识。标识内容包括工程名称、构件型号、生产日期、生产单位、合格标识、监理签章等。

预制构件编码系统应包括构件型号、质量情况、安装部位、外观尺寸、生产日期（批次）及（合格）字样。

预制构件出厂交付时，应向使用方提供以下验收材料：

（1）隐蔽工程质量验收表；

（2）成品构件质量验收表；

（3）钢筋进厂复验报告；

（4）混凝土留样检验报告；

（5）保温材料、拉结件、套筒等主要材料进厂复验检验报告；

（6）产品合格证；

（7）其他相关的质量证明文件等资料。

4．预制构件吊运、堆放与运输

1）预制构件吊运

PC 构件脱模和起吊时，应根据设计要求或具体生产条件确定所需的混凝土标准立方体抗压强度，并满足下列要求：

（1）脱模混凝土强度等级应不小于 15MPa；

（2）预应力 PC 构件脱模时，混凝土强度等级应不小于设计值的 75%；

（3）外墙板、楼板等较薄的预制构件起吊时，混凝土强度等级不宜小于 20MPa；

（4）梁、柱等较厚的预制构件起吊时，混凝土强度等级应不小于 30MPa 或设计强度等级；

（5）构件起吊应平稳，楼板应采用专用多点吊架进行起吊，复杂构件应采用专门的吊架进行起吊。

构件脱模后要吊运到质检修补或表面处理区，质检修补后再运到堆场堆放，墙板构件还会出现翻转，在吊运环节，必须保证安全和构件完好无损。

构件吊运首先要设计吊点，然后选择吊索和吊具，最后还要注意在脱模、翻转与运输过程中吊运的相关作业要点。

2）构件堆放

构件成品运到堆场堆放时，应符合相应要求，确保预制构件在装车运输前不受破坏。

（1）堆放场地。其位置应符合吊装位置的要求，放置在吊装区域，避免吊车移位而耽误工期，并应当方便运输构件的大型车辆装车和出入。场地应为钢筋混凝土地坪、硬化地面或草皮砖地面，平整坚实，避免地面凹凸不平。场地应有良好的排水措施，防止雨天积水后不能及时排泄，导致预制构件浸泡在水中，污染预制构件。存放构件时要留出通道，不宜密集存放。堆放场地应设置分区，根据工地安装顺序分类堆放构件。

（2）堆放方式。堆放时，必须根据设计图样要求的构件支承位置与方式支承构件。如果设计图样没有给出要求，墙板采用竖放方式，楼面板、屋顶板和木构件采用平放或竖放方式，梁构件采用平放方式。平放时，在水平地基上并列放置 2 根木材或钢材制成的垫木，放上构件后可继续在上面放置同样的垫木，一般不宜超过 6 层；垫木上下位置之间如果存在错位，构件会产生弯矩、剪力等不利内力，故垫木必须旋转在同一条线上；垫木在构件下的位置宜与脱模、吊装时的起吊位置一致。竖放时，要将铺设路面修整为粗糙面，防止脚手架滑动；固定构件两端并保持构件垂直使其处于平衡状态；非规则形状的柱和梁等构件要根据各自的形状和配筋选择合适的储存方法。

（3）堆放操作：堆放前应先对构件进行清理，使套筒、埋件内无残余混凝土、粗糙面分明、光面上无污渍、挤塑板表面清洁等。清理完的构件装到摆渡车上，并运至堆放场地。摆渡车应由专人操作，其轨道内严禁站人，严禁人车分离，人、车距离保持在 2～3m。堆放时，预埋吊件应朝上，标识宜朝向堆垛间的通道。各种构件均要采取防止污染的措施。伸出钢筋超出构件的长度或宽度时，在钢筋上做好标识，以免伤人。

3）构件运输

构件运输一般采用专用运输车，若采用改装车，应采取相应的加固措施。装车前，应对车辆及箱体进行检查，配好驾照、送货单和安全帽。装车出厂前应检测混凝土强度，普通构件的实测值不应低于 30MPa；预应力构件应按设施要求，若无设计要求，其实测值不应低于混凝土立方体高压强度设计值的 75%。

构件运输应制定运输方案，选取运输时间、路线、次序、固定要求等，针对超高、超宽形状特殊的大型构件，要求采取专门的质量安全保证措施。运输路线须事先与货车驾驶员共同勘查，注意有没有过街桥梁、隧道、电线等对高度的限制，有没有大车无法转弯的急弯或限制质量的桥梁等情况，并采取措施避免构件损伤。

4）质量与安全要点

吊运、堆放、运输时，应注意设计正确的吊装位置与支承点位置、选择合适的吊架吊具，所采用的垫方、垫块应符合要求，并注意防止磕碰污染，以保证质量。同时，应时刻确保吊运、堆放、运输过程中构件的稳定，不倾倒、不滑动，检查靠放架与堆放支点，以保证安全。

5.2 装配式钢结构建筑品构件生产

5.2.1 装配式钢结构建筑生产工艺分类

不同的装配式钢结构建筑，生产工艺、自动化程度和生产组织方式各不相同。大体上可以把装配式钢结构建筑的构件制作工艺分为以下几个类型：

（1）普通钢结构构件制作，即生产钢梁柱、支撑、剪力墙板、桁架、钢结构配件等；

（2）压型钢板及其复合板制作，即生产压型钢板、钢筋桁架楼承板、压型钢板-保温复合墙板与屋面板等；

（3）网架结构构件制作，即生产平面或曲面网架结构的杆件和连接件；

（4）集成式低层钢结构建筑制作，即生产和集约钢结构在内的各个系统；

（5）低层冷弯薄壁型钢建筑制作，即生产低层冷弯薄壁型钢建筑的结构系统与外围护系统部品部件。

5.2.2　普通钢结构构件制作工艺

普通钢结构构件制作内容如下：将型钢剪切至设计长度，或将钢板剪切成设计的形状、尺寸；将不够长的型钢焊接接长，或拼接钢板（如剪力墙板）；用钢板焊接成需要的构件（如 H 形柱、带肋的剪力墙板等）；用型钢焊接桁架或其他格构式构件；在钢构件上钻孔，包括构件连接用的螺栓孔，管线通过的预留孔；清理剪切、钻孔毛边及表面等不光滑处；除锈；进行防腐蚀处理。

在用普通螺栓连接钢结构中，钢构件的制作工艺包括钢材除锈、型钢校直、画线、剪切、矫正、钻孔、清边、组装、焊接及防腐蚀处理等。钢结构构件安装工艺流程如图 5.7 所示。

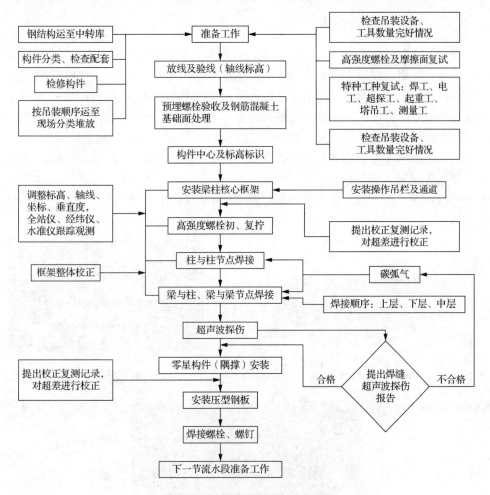

图 5.7　钢结构构件安装工艺流程

普通钢结构构件制作的主要设备见表 5.5。

表 5.5 普通钢结构构件制作的主要设备

序号	设备名称	用途
1	数控火焰切割机	钢板切割
2	H 型钢矫正机	矫正
3	龙门式焊接机	焊接
4	H 型钢抛丸清理机	除锈
5	液压翻转支架	翻转
6	重型输送辊道	运输
7	重型移钢机	移动

5.2.3 其他制作工艺简述

1. 压型钢板及其复合板制作工艺

随着国民经济的迅猛发展和人们对建筑物装饰要求的日益提高，压型钢板屋面因具有构造简单、质量小、施工便捷、装备化程度高、色彩丰富、使用寿命长，耐热、耐腐蚀性、免维护等特点，受到建设、设计、施工单位的青睐，并在国内外被广泛采用。压型钢板主要应用于工业厂房、仓库和各种公共建筑屋面工程作装饰防水层，或具有类似的工业与民用建筑工程的金属屋面施工安装工程，建筑物天沟、采光板、压顶、封檐等配套使用施工工程。

压型钢板屋面施工工艺流程：技术准备→现场准备→内天沟安装→檩条吊装、安装→支架安装→屋面板吊装、安装。

压型钢板（图 5.8）、复合板（图 5.9）和钢筋桁架楼承板（图 5.10）均采用自动化加工设备生产。

图 5.8 压型钢板   图 5.9 复合板

图 5.10 钢筋桁架楼承板

2．网架结构构件制作工艺

网架结构构件主要包括钢管、钢球、高强螺栓等，工艺原理与普通构件制作一样，尺寸要求精度更高一些。钢球的制作工艺如下：圆钢下料→钢球初压→球体锻造→工艺孔加工→螺栓孔加工→标记→除锈→油漆涂装。网架螺栓球节点制作工艺如图 5.11 所示。

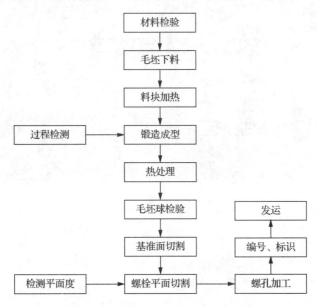

图 5.11　网架螺栓球节点制作工艺流程

3．集成式低层钢结构建筑制作工艺

集成式低层钢结构建筑制作工艺自动化程度较高，从型钢剪切、焊接连接到镀层全部在自动化生产线上进行。图 5.12 所示为集成式低层钢结构示例（集装箱式建筑）。

图 5.12　集装箱式建筑

4．低层冷薄壁型钢房制作工艺

低层冷薄壁型钢房所用轻钢龙骨是以优质的连续热镀锌板为原料，经冷弯工艺轧制而成的建筑用金属骨架，在自动化生产线上完成。现在越来越多的人选择轻钢别墅，因为它除了具有良好的抗震性能外，还具有良好的经济性。轻钢别墅的楼面由冷弯薄壁型钢架或组合梁、楼面 OSB（欧松板）结构板、支撑、连接件等组成。轻钢别墅屋面系统是由屋架、结构 OSB（欧松板）面板、防水层、轻型屋面瓦（金属或沥青瓦）组成的。轻钢别墅的墙体主要由墙架柱、墙顶梁、墙底梁、墙体支撑、墙板和连接件组成。图 5.13 所示为双层轻钢别墅工程示例。

图 5.13　双层轻钢别墅工程示例

5.2.4　技术管理

钢结构构件制作技术管理工作包括深化设计、工艺设计及技术方案制定等。

（1）深化设计包括集成部件设计及拼接图、构件加工详图、吊点和吊装方式设计。

（2）工艺设计及技术方案制定包括：放样模板或模尺设计；构件调直或矫正方法制定；成品保护设计；吊索吊具设计；堆放方式、层数、支垫位置和材料设计；超高、超宽、超长和形状特殊构件装车、运输设计。

5.2.5　钢结构构件成品保护

钢结构构件出厂后在堆放、运输、吊装时需要进行成品保护，保护措施如下：

（1）在构件合格检验后，成品堆放在堆放场的指定位置。构件堆放场地应做好排水，防止积水对构件的腐蚀。

（2）成品构件放置时，在构件下安置一定数量的垫木，禁止构件直接与地面接触，并采取一定的防止滑动和滚动措施，如放置止滑块等；构件与构件需要重叠放置的时候，在构件间放置垫木或橡胶垫以防止构件间碰撞。

（3）构件放置好后，在其四周放置警示标志，防止工厂其他吊装作业时碰伤构件。

（4）针对对应工程的零件、散件等，设计专用的箱子进行放置。

（5）在整个运输过程中为避免涂层损坏，在构件绑扎或固定处用软性材料衬垫保护，避免尖锐的物体碰撞、摩擦。

（6）在拼装、安装作业时，应避免碰撞、重击，减少现场辅助措施的焊接量，尽量采用捆绑、抱箍的临时措施。

5.2.6　钢结构构件搬运、存放

1）部品部件堆放应符合的规定

（1）堆放场地应平整、坚实，并按部品部件的保管技术要求采用相应的防雨、防潮、防暴晒、防污染和排水等措施。

（2）构件支垫应坚实，垫块在构件下的位置宜与脱模、吊装时的起吊位置一致。

（3）重叠堆放构件时，每层构件间的垫块应上下对齐，堆垛层数应根据构件、垫块的承载力确定，并应根据需要采取防止堆垛倾覆的措施。

2）墙板运输与堆放应符合的规定

（1）当采用靠放架堆放或运输时，靠放架应具有足够的承载力和刚度，与地面倾斜角度宜大于 80°；墙板宜对称放置且外饰面朝外，墙板上部宜采用木垫块隔开；运输时应固定牢固。

（2）当采用插放架直立堆放或运输时，宜采取直立方式运输；插放架应有足够的承载力和刚度，并应支垫稳固。

（3）采用叠层平放的方式堆放或运输时，应采取防止产生损坏的措施。

5.2.7　钢结构构件运输

部品部件出厂前应进行包装，保障部品部件在运输及堆放过程中不破损、不变形。对超高、超宽、形状特殊的大型构件的运输和堆放应制定专门的方案。

选用的运输车辆应满足部品部件的尺寸、质量等要求，装卸与运输时应符合下列规定：

（1）装卸时应采取保证车体平衡的措施；

（2）应采取防止构件移动、倾倒、变形等的固定措施；

（3）运输时应采取防止部件损坏的措施，对构件边角部或链索接触处设置保护衬垫。

5.2.8　钢结构构件制作质量控制要点

钢结构构件制作质量控制的要点包括：

（1）对钢材、焊接材料等进行检查验收；

（2）控制剪切、加工精度，构件尺寸误差在允许范围内；

（3）控制孔眼位置与尺寸误差在允许范围内；

（4）对构件变形进行矫正；

（5）焊接质量控制；

（6）第一个构件检查验收合格后，生产线才能开始批量生产；

（7）除锈质量；

（8）保证防腐涂层的厚度与均匀度；

（9）搬运、堆放和运输环节防止磕碰等。

5.3 装配式木结构建筑品构件生产

5.3.1 木结构预制构件制作简述

装配式木结构建筑的构件（组件和部品）大多在工厂生产线上预制，包括构件预制、板块式预制、模块化预制和移动木结构，下面分别介绍。

1. 构件预制

构件预制是指单个木结构构件工厂化制作，如梁、柱等构件和组成组件的基本单元构件，主要适用于普通木结构和胶合木结构。构件预制属于装配式木结构建筑的基础。木结构构件运输方便，并可根据客户具体要求实现个性化生产，但现场施工组装工作量大。

构件预制的加工设备大多采用先进的数控机床。目前，国内大部分木结构企业引进了国外先进木结构加工设备和成熟技术，具备了一定的构件预制能力。

2. 板块式预制

板块式预制是将整栋建筑分解成几个板块，在工厂预制完成后运输到现场吊装组合。预制板块的大小根据建筑物体量、跨度、进深、结构形式和运输条件确定。通常，每面墙体、楼板和每侧屋盖构成单独的板块。预制板块根据开口情况分为开放式和封闭式两种。开放式板块是指墙面没有封闭的板块，保持一面或双面外露，便于后续各板块之间的现场组装、安装设备与管线系统和现场质量检查。开放式板块集成了结构层、保温层、防潮层、防水层、外围护墙板和内墙板。一面外露的板块，外侧是完工表面，内侧墙板未安装。封闭式板块内外侧均为完工表面，且完成了设施布线和安装，仅各板块连接部分保持开放。这种建造技术主要适用于轻型木结构建筑，可以大大缩短施工工期。

板块式木结构技术既充分利用了工厂预制的优点，又便于运输，包括长距离海运。例如，有些欧洲国家为降低建造成本，在中国木结构工厂加工板块，用集装箱运回欧洲在工地现场安装。

3. 模块化预制

模块化预制可用于建造单层或多层木结构建筑。单层建筑的木结构系统一般由 2～3 个模块组成，多层建筑木结构系统由 4～5 个模块组成。模块化木结构会设置临时钢结构支承体系以满足运输、吊装的强度与刚度要求，吊装完成后撤除。模块化木结构最大化地实现了工厂预制，又可实现自由组合，在欧美发达国家得到了广泛应用，在国内还处于探索阶段，是装配式木结构建筑发展的重要方向。

4. 移动木结构

移动木结构是整座房子完全在工厂预制装配的木结构建筑，不仅完成了所有结构拼装，还完成了所有内外装修（管道、电气、机械系统和厨卫家具都安装到位）。房屋运输到建筑现场吊装安放在预先建造好的基础上，接驳上水、电和煤气后，马上可以入住。由于道路运输问题，目前移动木结构还仅局限于单层小户型住宅和旅游景区小体量景观房屋。

5.3.2　制作工艺与生产线

木结构构件制作车间如图 5.14 所示。下面以轻型木结构墙体预制为例，介绍一下木结构构件制作工艺流程：首先对规格材进行切制；然后进行小型框架构件组合；墙体整体框架组合；结构覆面板安装；在多功能工作桥上进行钉卯、切割；为门窗的位置开孔；打磨；翻转墙体敷设保温材料，蒸汽阻隔、石膏板等；进行门和窗安装；外墙饰面安装。

图 5.14　木结构构件制作车间

5.3.3　预制构件制作要点

（1）预制木结构组件应按设计文件制作，制作工厂除了具备相应的生产场地和生产工艺设备外，应有完善的质量管理体系和试验检测手段，且应建立组件制作档案。

（2）制作前应制定制作方案，包括制作工艺要求、制作计划、技术质量控制措施、成品保护、堆放及运输方案等。对技术要求和质量标准进行技术交底与专项培训。

（3）制作过程中宜控制制作及储存环境的温度、湿度。木材含水率应符合设计文件的规定。

（4）预制木结构组件和部品在制作、运输和储存过程中，应采取防水、防潮、防火、防虫和防止损坏的保护措施。

（5）每种构件的首件须进行全面检查，符合设计与规范要求后再进行批量生产。

（6）宜采用 BIM 技术校正和组件预拼装。

（7）对有饰面材料的组件，制作前应绘制排版图，制作完成后应在工厂进行预拼装。

5.3.4　构件验收

木结构预制构件验收包括原材料验收、配件验收和构件出厂验收。除了按木结构工程国家现行标准验收和提供文件与记录外，还应提供下列文件和记录：

（1）工程设计文件，包括深化设计文件。

（2）预制组件制作和安装的技术文件。

（3）预制组件使用的主要材料、配件及其他相关材料的质量证明文件、进场验收记录、抽样复验报告。

（4）预制组件的预拼装记录。预制木结构组件制作误差应符合国家现行标准的规定。

（5）预制正交胶合木构件的厚度宜小于 500mm，且制作误差应符合表 5.6 的规定。

表 5.6   正交胶合木构件尺寸偏差表类别

类别	允许偏差
厚度 h	不大于±1.6mm 与 0.02h 两者之间的较大值
宽度 b	≤3.2mm
长度 L	≤6.4mm

（6）预制木结构组件检验合格后应设置标识，标识内容宜包括产品代码或编号、制作日期、合格状态、生产单位等信息。

5.3.5   运输与储存

木结构组件和部品运输须符合以下要求：

（1）制定装车固定、堆放支垫和成品保护方案。

（2）采取措施防止运输过程中组件移动、倾倒和变形。

（3）存储设施和包装运输应采取使其达到要求含水率的措施，并应有保护层包装，对边角部宜设置保护衬垫。

（4）预制木结构组件水平运输时，应将组件整齐地堆放在车厢内。梁、柱等预制木组件可分层隔开堆放，上、下分隔层垫块应竖向对齐，悬臂长度不宜大于组件长度的 1/4。板材和规格材应纵向平行堆垛、顶部压重存放。

（5）预制木桁架整体水平运输时，宜竖向放置，支撑点应设在桁架两端节点支座处，下弦杆的其他位置不得有支撑物；在上弦中央节点处的两侧应设置斜撑，应与车厢牢固连接；应按桁架的跨度大小设置若干对斜撑。数榀桁架并排竖向放置运输时，应在上弦节点处用绳索将各桁架彼此系牢。

（6）预制木结构墙体宜采用直立插放架运输和储存，插放架应有足够的承载力和刚度，并应支垫稳固。

预制木结构组件的储存应符合下列规定：

（1）木结构组件应存放在通风良好的仓库或防雨、通风良好的有顶部遮盖场所内。堆放场地应平整、坚实，并应具备良好的排水设施。

（2）施工现场堆放的组件，宜按安装顺序分类堆放，堆场垛宜布置在起重机工作范围内，且不受其他工序施工作业影响的区域。

（3）采用叠层平放的方式堆放时，应采取防上组件变形的措施。

（4）吊件应朝上，标志宜朝向堆垛间的通道。

（5）支垫应坚实，垫块在组件下的位置宜与起吊位置一致。

（6）重叠堆放组件时，每层组件间的垫块应上下对齐，堆垛层数应按组件、垫块的承载力确定，并应采取防止堆垛倾覆的措施。

（7）采用靠架堆放时，靠架应具有足够的承载力和刚度，与地面倾斜角度宜大于 80°。

（8）堆放曲线形组件时，应按组件形状采取相应的保护措施。

（9）对在现场不能及时进行安装的建筑模块，应采取保护措施。

本章小结

　　本章内容包括装配式混凝土结构预制构件的制作、堆放与运输；装配式钢结构构件生产工艺、构件成品保护及运输；装配式木结构预制构件生产、制作、验收及运输。

　　装配式混凝土结构预制构件的制作主要介绍了预制混凝土构件的分类；预制构件制作的两种工艺流程：固定方式和移动方式；预制构件外观质量判定方法；预制构件尺寸允许偏差；构件表面破损和裂缝处理方法；预制构件出厂交付时向使用方提供验收材料内容；最后介绍了预制构件在吊装、堆放及运输过程中的注意事项。

　　装配式钢结构建筑品构件生产主要介绍了装配式钢结构生产工艺分类及适用范围；钢结构构件成品保护措施；构件搬运、存放及运输相关规定。

　　装配式木结构建筑品构件生产主要介绍了木结构制作工艺流程及预制构件制作要点；预制构件验收内容及相关验收资料；木构件运输与储存要求。

习　题

1. 从结构合理性考虑，简单分析装配式建筑结构的拆分原则。
2. 简述混凝土预制构件分类并举例。
3. 简述预制构件深化设计目的及深化设计图纸的内容。
4. 简要分析固定模台工艺与流水线工艺的特点，并指出各自的适用范围。
5. 简述混凝土构件表面破损的处理方法。
6. 简述混凝土构件表面裂缝的处理方法。
7. 简述预制混凝土构件出厂交付时，应向使用方提供的验收材料。
8. 预制混凝土构件吊装时，吊点位置如何选择？
9. 简述预制混凝土构件堆放方式及注意事项。
10. 简述钢结构构件制作质量控制要点。
11. 钢结构构件运输过程中需要注意什么？
12. 简述装配式木结构预制构件制作要点。
13. 简述装配式木结构构件验收文件和记录类型。
14. 简述装配式木结构构件储存要求。

第6章 装配式建筑施工

通过本章的学习，学生应理解装配式建筑工程从设计蓝图到变成实际的工程实体，整个过程中开展的施工准备及各具体施工环节的施工组织与实施等工作，并确保工程施工质量达到国家施工验收规范的要求。

本章重点

装配式建筑施工的前期准备；装配式构件吊装设备准备、吊具的选择、吊装的技术措施等，以及现场安装施工过程、工序；装配式建筑施工过程中的安全管理知识。

6.1 装配式建筑施工的前期准备

6.1.1 技术准备

PC 构件工艺图纸会审：①检查现浇与装配转换标高处，构件底标高与现浇混凝土标高是否吻合、构件底部是否需要现浇混凝土做构造处理；②构件上留设的用于现浇模板安装所需的预留洞、预埋件是否能满足模板安装要求；③构件上留设的用于塔吊附墙预埋件或预留洞的位置、构造是否满足塔吊设计要求及工期进度要求；④构件的质量是否在塔吊承载能力范围内（考虑动力系数）；⑤构件上留设用于脚手架的预埋件或预留洞的位置、构造是否满足施工设计要求；⑥构件上留设的用于施工电梯安装的预埋件或留洞的位置、构造是否满足施工设计要求。

根据 PC 构件工艺设计，编制 PC 构件施工方案（方案应包括预制构件堆放、驳运及吊装；高处作业的安全防护；专用操作平台、脚手架、垂直爬梯及吊篮等设施，及其附着设施；构件安装的临时支撑体系等）。

根据 PC 构件工艺设计，统计预埋件、连接件、支撑件、吊具等物料，编制加工订货计划，进行构件存放、吊装、安装及与 PC 构件相关的模板、钢筋、混凝土施工技术交底，交底做到有针对性和可操作性。

6.1.2 场地准备

装配式建筑施工与普通建筑施工不同，预配件入场所需的场地比较大，因此，根据施工图纸及施工组织设计的要求，计划好施工场地的面积，合理分配各种装配式预配件的放置场地，对于减少使用施工现场面积、加强预制构件成品保护、保证构件装配作业、提高工程作业进度、构建文明施工现场具有重要意义，也是保障装配式建筑施工的前提条件。

根据拟建建筑的位置、起重机的位置、道路分布、单层构件数量及储备层数确定堆场的位置及规模；堆场应位于起重机臂有效覆盖范围内，尽可能避开对其有干扰的加工场等有操作人员的位置；堆场应划分为独立区域，并设置围挡分隔及警示标志；若构件要存放于地下车库顶板上，应对运输通道及堆场下方的顶板通过计算进行加固，并在构件与车库顶板间设置方木等有弹性材料作为缓冲隔垫；平放构件，层与层之间应采用垫木等垫平垫实，各层构件间的支垫点应上下对齐，底层构件垫应有足够的抗压强度及刚度，且宜通长垫设。叠合板叠放层数不应大于 6 层，楼梯与空调板叠放层数不应大于 3 层，阳台叠放层数不应大于 2 层。

6.1.3 道路准备

道路应有足够的承载力，满足载重为 50t 运输车行走，当道路设在基坑边时，保证车与坑边的安全距离且应对基坑边坡进行加固。

施工现场尽可能设置循环通道，当为循环通道时，道路宽度不应小于 4m，且应保证材料及构件运输车等有临时停放场地，不得占用道路；当现场无循环通道时，应设置车辆调头场地。

当道路设在地下车库顶板上时，应对运输通道及堆场下方的顶板通过计算进行加固，并需要经过设计核定。

6.1.4 起重机选型及定位

塔式起重机除应考虑周转材料的运输使用，同时应考虑预制构件的吊装使用，包括构件卸车时间及构件从堆场起吊、安装的时间，构件起吊安装效率计算时，构件的每个吊次时间应控制在 10~15min。在服务范围内，起重机应能将预制构件和材料运至任何施工地点，避免出现吊装死角。服务范围内还应有较宽敞的施工用地，主要临时道路也宜安排在塔式起重机的服务范围内，尤其是当现场不设置构件堆场时，构件运输至现场后须立即进行吊装。

起重机的臂长、起重能力、覆盖范围、新旧程度（避免经常维修影响工期及安全）、堆场的位置、构件的数量、大小及分布应作为起重机选择方案的重点考虑因素。

起重机布置应考虑群塔作业时相互之间的水平位置、高度、进度关系等，确保群塔能安全、高效地运行。

附着时应尽可能附着在板面靠墙根部位或墙体靠楼层标高处，附着部位的预制和现浇构件钢筋应进行计算并加固。

起重机的起重高度和附着时间受现场施工进度、群塔相互高度等因素的制约而动态变化，因此施工单位应提前通知构件生产商进行附着点预留、预埋的调整。

6.2 预制构件吊装与工程施工

6.2.1 预制构件吊装

1. 吊装设备准备

吊装设备是施工现场必不可少的重要设备之一。确保吊装设备及时入场、确定好准确的吊装安置位置，是保障施工顺利进行的基础。

构件吊装是指用起重机器将构件吊起并安放到规定位置的过程，有时也称为吊运。吊装穿插在装配式建筑建造过程的各个工序之中。预制混凝土构件通常按正常工作状态承受的荷载进行设计，而吊装与正常工作时的受力情况不同，构件可能由于不能承受吊装过程中由自重产生的内力而导致构件开裂甚至破坏。因此，在吊装进行之前需要对各个参数进行力学验算，防止吊装过程中出现意外事故。在脱模起吊阶段，需要提前确定构件的最大抗压强度；运输起吊及现场起吊时还需在验算中明确预埋连接件吊点位置、吊装流程、吊具类型、临时支护、吊装校正方法等。针对不同构件要采取不同的吊装方法，以减少构件在起重吊装时发生破坏的可能：如预制桩、预制柱等竖向构件通常采用直吊或者翻转吊，而叠合板、预制梁等横向构件往往采用平吊的方式吊运。构件吊至安装位置上方时，应采用辅助工具或手扶引导的方式缓慢落位，吊装落位后应及时采取临时固定措施固定构件。

2. 吊具

吊具是指起重机械中吊取重物的装置。常用的有吊钩、吊环、卸扣、钢丝绳夹头（卡扣）和横吊梁等。

吊钩（图 6.1）是起重机械中最常见的一种吊具。吊钩按形状分为单钩和双钩。对吊钩应经常进行检查，若发现吊钩表面有裂纹、破口，开口度比原尺寸增加 15%；危险断面有永久变形，扭转变形超过 10°；挂绳处断面破损超过原高度 10%；危险断面与吊钩颈部产生塑性变形，必须报废更换。

吊环主要用在重型起重机上，但有时中型和小型起重机载重低至 5t 的也有采用。

卸扣又称卡环，用于绳扣（如钢丝绳）与绳扣、绳扣与构件吊环之间的连接，是起重吊装作业中应用较广的连接工具。

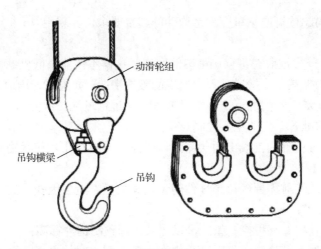

图 6.1　吊钩

钢丝绳夹头（卡扣）用来连接两根钢丝绳，也称绳卡、线盘。通常用的钢丝绳夹头有骑马式、压板式和拳握式三种。其中骑马式卡扣连接力最强，目前应用最广泛。

横吊梁俗称铁扁担，可用于柱、梁、叠合板等构件的吊装。常用的横吊梁有滑轮横吊梁、钢板横吊梁、钢管横吊梁等。

3．装配式构件的吊装技术措施

装配式施工起吊包括预制柱吊装、预制梁吊装、预制剪力墙板吊装、预制外挂墙板吊装、预制叠合板楼板吊装、预制楼梯吊装及其他预制构件吊装。装配式建筑施工吊装设备工作如图 6.2 所示。

图 6.2　装配式建筑施工吊装设备工作

吊装预制构件的起重机或吊车应满足构件的起重要求，并采用 4～6 点起吊（根据构件实际情况）。

PC 构件卸货时一般堆放在可直接吊装的区域，这样不仅能降低机械使用费用，同时也可减少预制混凝土构件在二次搬运过程中出现的破损情况。如果因为场地限制，无法一次性堆放到位，可根据现场实际情况，选择塔吊或汽车吊进行场地二次搬运。

（1）构件吊装前准备工作的主要控制点：

① 预制构件放置位置的混凝土面层需清理干净，不能存在颗粒状物质，否则将会影响构件间的连接性能；

② 楼层混凝土浇筑前需要确认预埋件的位置和数量，避免因找不到预埋件无法支撑斜撑影响吊装进度、工期；

③ 测设楼面预制构件高程控制垫片，以此来控制预制构件标高；

④ 楼面预制构件外侧边缘预先粘贴止水泡棉条，用于封堵水平接缝外侧，为后续灌浆施工作业做准备。

（2）吊装要求：

① 根据预制构件形状、尺寸、质量和作业半径等要求选择吊具和起重设备，所采用的吊具和起重设备及其施工操作，应符合国家现行有关标准及产品应用技术手册的规定；

② 吊点数量、位置应经计算确定，应采用保证起重设备的主钩位置、吊具及构件重心在竖直方向上重合的措施；

③ 吊索与构件水平夹角不宜小于 60°，不应小于 45°；

④ 起吊应采用慢起、稳升、缓放的操作方式，严禁吊装构件长时间悬停在空中；

⑤ 吊装大型构件、薄壁构件和形状复杂的构件时，应使用分配梁或分配桁类吊具，并应采取避免构件变形和损伤的临时加固措施；

⑥ 应设专人指挥，操作人员应位于安全位置。

4．预制构件准备

预制构件应该按照规格型号、出厂日期、使用部位、吊装顺序分类存放，且应该标示清晰准确，确保信息无误。不同类型的构件之间应留有不小于 0.7m 的人行通道，确保施工现场人员疏通方便，以及方便检查和调度构件。

6.2.2　工程施工

1．构件放样定位

外控线、楼层主控线、楼层轴线、构件边线等放样定位流程一般按照外控线和龙门桩设置、楼层主控线投测、楼层主控线校核、楼层轴线及控制线等量测的流程进行。装配构件放样定位如图 6.3 所示。

图 6.3　装配构件放样定位

2．受力构件的安装

受力构件的安装主要包括预制柱安装、预制梁安装、预制墙板安装、叠合板安装、阳台板和空调板安装、预制楼梯板安装。受力构件的安装如图 6.4 所示。

图 6.4　受力构件的安装

6.3　施工现场水路电路铺设

6.3.1　水路铺设

在建筑装饰施工中，水路用材的好坏、安装方式及线路走向，会直接影响后期住户用水安全。本节从水路管材选择及施工角度对建筑室内水路铺设进行简单论述。

1．水路管材

如今房屋铺设水路所用的管材 90%以上为 PPR 管。由于管材自身无毒、耐腐蚀、质量小、不结垢，因此其不仅可作为冷水管，也可作为热水管。再加上管与管之间连接所用的热熔技术，施工方便，连接处强度更高，不易漏水等，使得 PPR 管成为建筑材料市场水路用材的主流。市面上除 PPR 管外，还有镀锌管、铜管、铝塑管等，这类管材往往运用于特定时间段或特殊区域，在大多数装饰施工中水路用材 PPR 管最为常见。

2．水路开槽

水路要根据用水设施事先进行水路施工图设计，依据施工图在墙、顶、地三面进行合理弹线，再用切割机等器具进行开槽。开槽深度宜为 2~2.5cm。水管开槽深度以能埋进管路宽松一点为宜，宽度不能超过 8cm，避免影响墙体牢固度。还需注意的是，有些房屋地面敷设有地暖管线，这类房屋禁止在地面开槽，水路管线在地面放置即可。墙面开槽以竖槽为主，尽量减少较长横槽，以免对房屋建筑结构造成破坏。此外，冷水、热水管避免过于接近，防止热水管热量散失。已经做过防水的卫生间、厨房、阳台等地面一般不能再开槽，如不可避免需要再开槽，槽内必须再补做防水，避免水汽渗入槽内。

3．水路管线铺设方式

一般建筑装修中，有两种水路铺设方式，一是走顶面，二是走地面。水路走顶面，即大部分水路管线均在建筑空间顶部完成吊架铺设，在用水设施处，水路管线从建筑顶部沿墙立面开槽处从上往下延伸，在合适位置设置出水口。水路走地面，即大部分水路管线均在建筑地面进行铺设，在用水设施处，水路管线从建筑底部沿墙立面开槽处从下往上延伸，在合适位置设置出水口。两者各有优缺点，水路走顶面，未来水路检修方便，但费工、费料，花费也较高。水路走地面，未来水路检修不便，出现问题需破坏原始装修结构，但相对水路走顶面较省工、省料，花费也较低。在建筑装修中，为了后期住户用水安全，一般建议水路走顶面，不能走顶区域可考虑地面铺设。

6.3.2 电路铺设

在建筑装饰施工中，电路用材、施工及走向的好坏，直接影响住户后期生活及用电安全。本节从电路选材、开槽施工、电路连接及保护几个方面对建筑室内电路铺设进行简单论述。

1．电线及线管选择

电路铺设一般用的是单股铜芯线，不同用途，电线规格也不同。$4mm^2$ 规格用于主电路及空调、热水器等用电量较大的线路，$2.5mm^2$ 规格用于插座及部分支线，$1.5mm^2$ 规格常用于灯具和开关线、地线等。由于不同规格电线可连接的用电器具不同，因此在电路铺设施工前需要预先做好电路设计，对住户用电需求进行全方位考虑，避免后期住户用电量与线路规格不匹配的现象发生。

电线的铺设离不开线管，电线均在线管中穿插，起到对电线保护及方便后期电线维修的

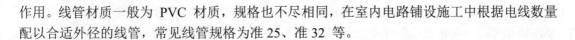

作用。线管材质一般为 PVC 材质，规格也不尽相同，在室内电路铺设施工中根据电线数量配以合适外径的线管，常见线管规格为准 25、准 32 等。

2．电路开槽

电路开槽与水路开槽相似，需要注意的是，强、弱电线管开槽需要间隔一定距离，以防止强弱电互相干扰。开槽深度一般为 4cm 以内，宽度则要根据所铺设的线管数量确定。线管走向尽可能横平竖直、减少转弯，避免在壁镜、置物架等位置铺设，以减少后期安全隐患。

3．电路顶、地铺设及电线、线管连接

电路铺设与水路铺设不同，由于电线特别是接头处受潮易短路发生漏电事故，一般情况下尽量避免走地面，特别是卫生间、阳台等较为潮湿的地方，电路走地面会带来非常大的安全隐患。为了减少电线短路及漏电的发生，电线接头处需要进行一定处理。一般情况下可用线钳采用十字接法、一字接法、丁字接法进行连接，并外包绝缘胶带，保证接头处紧密连接不漏电。还有一种更为简单的连接方法是用压线帽，用压线钳把需要连接的两根电线在压线帽中压实，达到连接线路的目的。线管起到对电线保护的作用，线管与线管之间的连接往往有专用的直通管接头、90°弯头、T 形弯头等。

水路和电路是建筑装饰施工中的重要环节，其选材规格及施工质量的好坏将直接影响住户未来生活的方方面面。在水路方面，需要根据建筑特点及住户要求选择合适的水路管材；在建筑墙地面开槽要遵循相应规范要求，并须注意卫生间、生活阳台等较为潮湿的地方槽内再开槽时必须再补做防水层；水路走顶面、走地面各有优缺点，在施工中尽量走顶面，方便未来水路检修。在电路方面，需要根据建筑内不同区域用电量的不同设置不同规格的电线，根据电线数量选择合适的线管规格；在给电路开槽时，根据线管数量及规格确定开槽尺度；电路在卫生间、生活阳台等湿度较大的地方一般是需要走顶面的，以降低后期用电安全隐患；电线及线管连接须遵循规范要求进行选材及操作。

6.4 施工安全管理

在施工过程中，装配式混凝土结构的现场安装是整个工程中的重难点之一。由于施工现场存在一定的特殊性，各类构件的种类较多，对施工现场进行有效的管理有着重要的意义。目前根据我国的实际情况，在管理中存在多个问题，如构件运输、堆放不规范导致的管理难度加大、构件吊装风险较大、现场构件安装的临时支撑风险较大、预制外墙板防水难度大、构件拼装定位困难及施工安全风险较大等。

在建筑施工现场中，安全管理主要分为施工技术和施工安全。施工安全中存在的隐患大多是在非施工过程中产生的，如用水用电、防护安全及一些仪器的使用摆放等，这些安全隐患都可以通过加强施工安全管理来进行一定的限制。例如，在构件安装的过程中，由于吊装方法、定位方法的不同，分为基坑施工安全、PC 构件堆放安全、PC 构件吊装安全、临时支

撑安全、构件定位安全及施工后的防水防漏问题等。施工安全和技术管理是工程管理中的重要组成部分，一旦在此项管理中出现问题会对整个工程造成恶劣的影响，埋下安全隐患。

6.4.1 装配式建筑施工安全管理的必要性

装配式建筑施工安全管理是建筑施工项目的重要组成部分，它包含了整个施工过程及与安全施工有关的所有内容。建筑项目的安全管理是对生产过程中的所有活动进行安全管理，消除可能存在的安全隐患，减少事故，防止人员伤亡，以保证施工项目的顺利进行并且保证项目的质量。所以预制装配式建筑施工安全管理是十分必要的。构件的吊装是工地施工生产的重大危险源，构件吊装质量大，吊装工程量大，出现吊装安全事故后果严重，因此一旦在安全管理方面出现问题，就会对整个建筑项目产生极其严重的影响，所以预制装配式建筑施工的安全管理是不容忽视的。

6.4.2 临时支撑布置

临时支撑在装配式建筑的施工中主要是用来保证施工的结构，如各类支架等。在使用门式支架时，要对间距和数量进行精确计算，并由相关的工作人员对其进行检查审核，合格后向监理单位审批，审批通过后才能应用在施工过程中。在施工临时支架进货时，必须要进行验收。其目的是保证支架的壁厚和外观质量，在首次使用支架时，还应进行试压操作，明确支架的称重能力。此外，还需要在使用支架之前进行压力测试，以确定支架的抗压能力。在设置支撑时必须按照方案设置支撑的间距和数量，并进行检查复核；通过检查后，应提交给监理单位验收；验收通过后才可以进行下道工序的施工。做好临时支撑布置安全管理就需要保证首先设置好用来保持构件稳定的临时斜撑支撑装置，装置如图 6.5 所示。上支点应位于大于或等于构件 2/3 的高度位置；45°～60° 为最佳的斜撑与地面之间的角度；如有必要，可在构件的下方再增加短斜撑，以防止构件发生滑动。

图 6.5 临时支撑布置

6.4.3 防水防漏安全处理

在进行施工时，要合理地设置防水节点，在拼缝处设置两道防水屏障，包括外侧防水和内侧防水，在每 4 块墙板的十字接头处增加聚氨酯防水嵌缝，并对墙板的构造进行一定的优化，设置相应的排水措施，保证墙板的防水防渗达到规范要求。在使用防水卷材料时，要严格按照操作步骤进行：第一，要清扫基层，将基层中的杂物、灰尘等清理干净，尤其是要将日常难以清理到的基层的阴阳角、管道深处的杂物、灰尘等清理干净。如果基层中有油渍，可以使用砂纸、钢丝刷等方式进行清理。第二，涂刷聚氨酯底胶，在涂刷完成后，要经过一段时间的干燥才能进行后续施工。一般干燥时间在 4h 以上。第三，涂刷黏结剂，将卷材放在平整、干净的基层上，将 CX404 胶均匀地涂抹在卷材表面。此时要注意，卷材表层接头部位的 100mm 不要涂胶。第四，卷材铺贴。为了避免阴阳角和大面的接头，在铺放卷材时要顺着长方向。第五，卷材接头粘贴。一般卷材的接头宽度为 100mm，在涂胶时，每隔 1m 涂一次。涂胶完成后要将其放置一段时间，待干燥后再进行卷材结构部位的粘贴固定。第六，卷材末端处理，为了避免卷材的末端出现渗水情况，要使用聚氨酯嵌缝膏将末端封闭。

6.4.4 加强吊装施工作业培训

安全施工是一个建筑项目的基本条件，维护施工人员的人身安全是施工安全管理的重要内容。

高处作业是指人在以一定位置为基准的高处进行的作业。国家现行标准《高处作业分级》（GB/T 3608—2008）规定：凡在坠落高度基准面 2m 以上（含 2m）有可能坠落的高处进行作业，都称为高处作业。现场施工人员在作业前必须认真进行安全分析，并学习相关作业的安全技术交底。吊装作业前需要发放安全带、安全绳、反光衣，进行吊装安全教育培训和监管工作。对刚进入施工现场的新员工进行专业培训，保证工作人员的专业能力及其对施工现场有足够的了解，确保施工安全。

在进行 PC 构件吊装时，必须要根据施工现场的实际情况制定相应的安全管理措施。操作塔吊的工作人员必须要有相应的证明，要对设备的有效期进行检验，工作人员在对塔吊设备进行操作时要严格按照规范，严禁出现无证上岗、不遵守规范操作等情况。当构件进入施工现场后，要对吊点进行检查，进行重心检验，当所有的检验都合格后才能进行起吊。一些尺寸较大或形状较特殊的构件，在起吊时要用平衡吊具进行辅助。

起重所用的钢索每周都要检查，当发现磨损或损坏时要及时上报并更换，并且要在起吊构件时设置拉绳，便于控制构件的方向。每次在进行吊装工作前，都要根据规范进行交底工作。

6.4.5 预制构件运输及现场存放安全管理

预制构件的运输安全管理是很重要的一部分，预制构件的成品的外形和重量的特殊性涉及运输过程中的安全问题。构件外形的特殊性表现为超宽和超高，这导致它竖直放置的稳定性较差，所以需要在对其进行运输时使用侧护栏来固定运输架。侧护栏固定如图 6.6 所示。

通过这种方式，即使路面碰撞构件也能够保持稳定而不会翻倒，还可以克服运输过程中出现的路面不平整的问题。

施工现场中存在大量的构件，将预制构件运输至现场后，现场的存放安全管理同样重要，因此必须要对构件进行良好的管理，提高监督力度，根据构件的要求进行摆放。当材料进入施工现场后，要根据不同的类型对其进行编号，并记录在册。各个构件的摆放区域要和施工计划相搭配，并且在预制装配式材料摆放时，不能直接和地面接触，要放在木头及一些材质较软的材料上。

在现场，预制构件都有专门的构件放置区，放置区地面应平整光滑，有通畅的排水系统，并有足够的承载地基承载构件。当预制材料被放置时，它们不能与地面直接接触，必须存放在专业储存的架子上，避免发生倾覆事件。同时要保证构件的有秩序堆放。构件堆放如图 6.7 所示。该放置区应严禁非作业工人出入，所以构件的存放管理是十分重要的。

图 6.6　侧护栏固定装置　　　　　　图 6.7　构件堆放示例图

6.4.6　预制构件吊装安全管理

1. 起重设备的能力计算

起重设备能力的计算是装配建筑施工中至关重要的环节。起重设备的选择，需要确定数量和规格，预制构件的类型、质量、数量、尺寸、楼层位置等是计算所选起重设备的能力的基础。这些都是吊装前的数据计算，也是做好吊装工作的先决条件和基础。然后对起重设备进行合理安排。

用于起吊的绳索应每周检查一次。发现磨损或损坏时，应及时报告和更换，并在吊装构件时设置牵引绳，以控制部件的方向。每次施工前都要对刚进入施工现场的新员工进行专业培训，保证员工的专业能力及确保施工安全。

2. 对装配式建筑施工进行有效的计划安排

预制构件吊装施工需要在分区段的基础上进行管理，并在流水作业的基础上对构件进行进度计划安排，并制定详细的施工方案。它需要在每层作业时间上对施工设备的型号和数量、吊装构件的数量进行计划安排。在施工方案发生变化时及时调整分析表，以此规避盲目施工、施工无序的风险。除此之外，检查设备的有效期限是很有必要的。当构件进入施工现场后，需要对设备参数进行基本检查，检查合格后才能开始吊装工作。

3．脚手架工程的安全管理

使用构件脚手架（图 6.8），对脚手架的间距、数量应重点检查。常见的脚手架事故有：不按规定和标准搭建脚手架，导致脚手架整体倾斜或者局部坍塌；没有严格按照防护措施操作，导致施工人员从脚手架上坠落；脚手架整体失稳导致直接倾倒等。造成这些事故的主要原因为脚手架的材料不合格、搭建脚手架的过程不标准、对脚手架的过度使用及脚手架的间距没按方案实施等。所以在进行脚手架作业时必须要严格把关，确认脚手架的质量过关。

图 6.8　脚手架

6.4.7　其他的安全管理措施

1．提升管理人员安全意识

安全施工是建筑项目的基础，是项目具备经济效益和社会效益的重要保证，保障施工人员的人身安全是施工安全管理中的重要组成部分。首先要确保在施工过程中，不会出现重大安全事故，包括管线事故、伤亡事故等。通过建立相应的安全检查组，可以有效保证施工现场的安全。在进行安全管理时，要考虑各个方面，如设备的规范操作与维护、吊装安全、用电安全、临边防护等。

（1）从安全角度出发，要不断加强相关人员的安全意识，更要不断提升相关人员的安全能力。

（2）在建设过程中，还要不断提高相关人员的防范意识能力，以此制订出适合自身情况的安全体系，而且还要求相关工作人员全面了解安全隐患，所以，在建设的过程中需要把安全放在首位，避免因为安全问题带来的严重后果。

2．控制工程管理进度

通常情况下，对于土木工程来说，本身就是一项复杂的工作，所以在管理工程制度的基础上，还需要制订出完善的计划，这样在研究存在问题的时候，能及时有效地找出解决方法。在施工前，需要制订出完善的管理方案，从而保证后期的施工可以稳定进行，防止施工周期拖延给工程带来的经济损失。

3．加强施工材料的管理

在正常的建设过程中，要先保证工程材料的整体质量，还需要对材料进行合理管理。第一，在施工阶段，首先要保证材料的质量，应由专门的管理人员进行采购，并且要严格进行控制，在进行选购材料时，要确保材料的质量，严禁使用劣质材料进行建设。

 本 章 小 结

　　本章内容首先介绍了装配式建筑施工的前期准备工作，包括技术准备、场地准备、道路准备以及起重机的选型及定位等，明确了各准备阶段的具体工作内容。其次介绍构件吊装的相关工作及工程施工中的构件放样定位方法、受力构件的安装所包括的内容。

　　在施工安全方面，分析了对施工工人的人身安全管理、对预制构件运输及现场存放的安全管理、对基坑施工的安全管理、对预制构件吊装的安全管理、对临时支撑布置的安全管理，以及对防水防漏的安全管理等六方面内容。每一个安全管理的过程对于整个建筑施工过程都是十分重要的。安全是大事，每一个环节都不能掉以轻心。严谨地对待每一个环节是态度的体现，紧抓安全管理在促进建筑项目有效完成的同时也保证了建筑施工的质量。

 习 题

1. 装配式建筑施工的前期准备工作有哪些？
2. 简述预制构件吊装的注意事项。
3. 为什么要进行装配式建筑的施工安全管理？
4. 简述如何开展建筑室内水路铺设。
5. 施工安全管理的措施有哪些？
6. 常用的装配式建筑预制构件生产设备有哪些？

第7章 装配式建筑项目管理

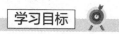 学习目标

通过本章的学习，学生应了解装配式建筑项目的组织模式；了解装配式建筑工程全生命周期集成管理系统；掌握装配式建筑工程全生命周期管理的六个阶段的管理重点，不同阶段装配式建筑工程全生命周期信息管理的重点；掌握装配式建筑工程质量管理的内容、原则与措施。

本章重点

装配式建筑的组织模式、装配式建筑工程的信息管理和质量管理。

7.1 装配式建筑项目组织模式

一般建筑工程项目的组织模式可分为传统模式（即平行发包）、工程项目管理模式（PMC 模式、PM 模式、CM 模式）和工程总承包模式［"交钥匙"模式、EPC 模式、DB（design-construction）模式、其他工程总承包模式］。装配式建筑的发展必然带来生产组织和管理体系上的变革。如果这种变革尚未发生，或不能适应技术的进步，则可能阻碍产业的发展。

7.1.1 设计与施工相分离的生产组织模式的缺陷

目前国内装配式建筑的发展并没有形成应有的规模，不仅仅是技术层面上的欠缺，项目的组织与管理方面亦有诸多欠缺。

（1）传统的设计、施工相互割裂，设计、施工企业只对各自承担的设计、施工部分负责，缺乏对项目整体实施的考虑，施工中出现的问题责任不清，影响了工程质量、安全、工期和造价。

（2）在建筑设计阶段，施工企业还没有通过招标进行确定，设计师只能够按照一般建筑最普通的施工模式来进行设计，以保证其建筑物的可实现性。因此多数设计师不能考虑施工中具体的生产组织方式，正是由于这种现实的障碍，才导致现浇结构为目前建筑结构体系的主流。

（3）装配式建筑的设计综合型较强，除需要建筑、结构、给水排水、暖通、电气等各专业的互相协作外，还需考虑预制构件生产、运输及现场施工等各方的操作需要。因此，对项目的整体规划是必不可少的，这种规划需要在结构设计、构件生产和施工等过程适当地合并。完成概念方案设计（或方案设计）之后的施工图设计，有必要综合考虑施工中具体的生产组织方式，根据其供应商所提供的标准化构件来"拼装"建筑，从而实现建筑物的预制拼装化与生产工业化。

7.1.2 适应装配式建筑工程的工程总承包模式

1. 工程总承包模式的优点

工程总承包是指从事工程总承包的企业按照与建设单位签订的合同，对工程项目的设计、采购、施工等实行全过程的承包，并对工程的质量、安全、工期和造价等全面负责的承包模式。工程总承包一般采用 EPC 模式或者 DB 模式。

与设计施工分别发包的传统工程建设模式相比，工程总承包模式是更适合装配式建筑的生产方式。工程总承包项目在设计阶段充分考虑构件生产、运输和现场装配施工的可行性，开展深化设计和优化设计（装配式建筑的设计流程如图 7.1 所示），能够有效节约投资。工程总承包模式还有可能实现设计和施工的合理交叉，缩短建设工期；能够发挥责任主体单一的优势，由工程总承包企业对质量、安全、工期、造价全面负责，明晰责任；有利于发挥工程总承包企业的技术和管理优势，实现设计、采购、施工等各阶段工作的深度融合和资源的高效配置，提高工程建设水平。

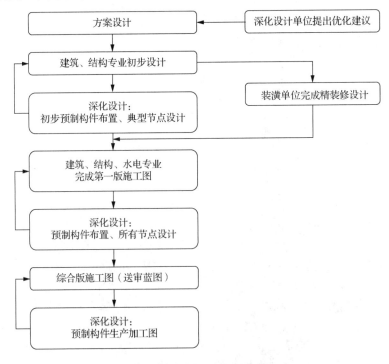

图 7.1　装配式建筑的设计流程

对于一般工程的建设管理，工程总承包模式是一种非强制性的发展方向，但对于装配式建筑而言，工程总承包模式是一种必然性的选择。只有实现设计施工一体化，才能在各种现实的标准化的构配件、工艺流程与预期建筑物之间建立必然性的构建关系。2016 年，住房和城乡建设部出台了建市〔2016〕93 号《住房和城乡建设部关于进一步推进工程总承包发展的若干意见》（以下简称《若干意见》），明确装配式建筑应当积极采用工程总承包模式。

2．工程总承包组织的实施

1）工程总承包的发包

根据《若干意见》，建设单位可以根据项目特点，在可行性研究、方案设计或者初步设计完成后，按照确定的建设规模、建设标准、投资限额、工程质量和进度要求等进行工程总承包项目的发包。除常规的招标需求外，还需细化建设规模和细化建设标准。细化建设规模：房屋建筑工程包括地上建筑面积、地下建筑面积、层高、户型及户数、开间大小与比例、停车位数量或比例等；市政工程包括道路宽度、河道宽度、污水处理能力等。细化建设标准：房屋建筑工程包括天、地、墙、各种装饰面材的材质种类、规格和品牌档次，机电系统包含的类别、机电设备材料的主要参数、指标和品牌档次，各区域末端设施的密度，家具配置数量和标准，以及室外工程、园林绿化的标准；市政工程包括各种结构层、面层的构造方式、材质、厚度等。

业主招标时应确定合理的投标截止时间，确保投标人有足够时间对招标文件进行仔细研究、核查招标人需求、进行必要的深化设计、风险评估和估算。

2）工程总承包企业及项目经理的基本条件

根据《若干意见》，建设单位可以依法采用招标或者直接发包的方式选择工程总承包企业。工程总承包企业应当具有与工程规模相适应的工程设计资质或者施工资质，具有相应的财务、风险承担能力，同时具有相应的组织机构、项目管理体系、项目管理专业人员和工程业绩。工程总承包项目经理应当取得工程建设类注册执业资格或者高级专业技术职称，担任过工程总承包项目经理、设计项目负责人或者施工项目经理，熟悉工程建设相关法律法规和标准，同时具有相应工程业绩。

3）工程总承包企业的选择

根据《若干意见》，工程总承包评标可以采用综合评估法，评审的主要因素包括工程总承包报价、项目管理组织方案、设计方案、设备采购方案、施工计划、工程业绩等。工程总承包项目可以采用总价合同或者成本加酬金合同，合同价格应当在充分竞争的基础上合理确定，合同的制订可以参照住房和城乡建设部、工商总局联合印发的建设项目工程总承包合同示范文本。

EPC 工程总承包定标主要标准包括：认定投标人的工程总承包管理能力与履约能力；投标人是否进行一定程度的设计深化，深化的设计是否符合招标需求的规定；考核投标报价是否合理。

传统招标模式由招标人提供设计图纸和工程量清单，投标人按规定进行应标和报价，而EPC 工程总承包招标时只提供概念设计（或方案设计）、建设规模和建设标准，不提供工程量清单，投标人需自行编制用于报价的清单。选择总承包企业需要考核投标人是否编制了较为详细的估算工程量清单，估算工程量清单与其深化的设计方案是否相匹配，投标报价是否合理。

4）明晰转包和违法分包界限

《若干意见》对转包和违法分包进行了界定。《若干意见》明确，工程总承包企业可以在其资质证书许可的工程项目范围内进行自行实施设计和施工，也可以根据合同约定或者经建设单位同意，直接将工程项目的设计或者施工业务择优分包给具有相应资质的企业。同时，工程总承包企业应当加强对分包的管理，不得将工程总承包项目转包，也不得将工程总承包项目中设计和施工业务一并或者分别分包给其他单位。工程总承包企业自行实施设计的，不得将工程总承包项目工程主体部分的设计业务分包给其他单位。工程总承包企业自行实施施工的，不得将工程总承包项目工程主体结构的施工业务分包给其他单位。

5）工程总承包企业全面负责项目质量和安全

《若干意见》明确了工程总承包企业的义务和责任：工程总承包企业对工程总承包项目的质量和安全全面负责。工程总承包企业按照合同约定对建设单位负责，分包企业按照分包合同的约定对工程总承包企业负责。工程分包不能免除工程总承包企业的合同义务和法律责任，工程总承包企业和分包企业就分包工程对建设单位承担连带责任。

6）工程总承包项目的监管手续

《若干意见》要求，按照法规规定进行施工图设计文件审查的工程总承包项目，可以根据实际情况按照单体工程进行施工图设计文件审查。住房和城乡建设主管部门可以根据工程总承包合同及分包合同确定的设计、施工企业，依法办理建设工程质量、安全监督和施工许可等相关手续。相关许可和备案表格，以及需要工程总承包企业签署意见的相关工程管理技术文件，应当增加工程总承包企业、工程总承包项目经理等栏目。

工程总承包企业自行实施工程总承包项目施工的，应当依法取得安全生产许可证；将工程总承包项目中的施工业务依法分包给具有相应资质的施工企业完成的，施工企业应当依法取得安全生产许可证。工程总承包企业应当组织分包企业配合建设单位完成工程竣工验收，签署工程质量保修书。

7.1.3　装配式建筑协同建设系统

1．协同建设系统产生的背景

传统的建设项目是由单一的企业来完成建设的，为了承担大型建设项目、工艺构成复杂的项目，施工企业需要不断地扩大规模、扩充专业，这使得施工企业如果采用新技术、新工艺或实现建筑工业化的生产方式，就必须在企业内部组建相关的部门，形成类似于纵向一体化的企业集团。但随之的问题也会产生：一方面，专业的部门难以仅仅基于企业内的需求形成规模经济，从而很难降低成本；另一方面，当企业面临市场周期性波动时，或建设项目的独特性要求时，难以摆脱已存在的、庞大的组织体系，以致运行成本高昂。

工程总承包模式下，总承包商对整个建设项目负责，但并不意味着总承包商须亲自完成整个建设工程项目。除法律明确规定应当由总承包商必须完成的工作外，其余工作总承包商则可以采取专业分包的方式进行。在实践中，总承包商往往会根据其丰富的项目管理经验，根据工程项目的不同规模、类型和业主要求，将设备采购（制造）、施工及安装等工作采用

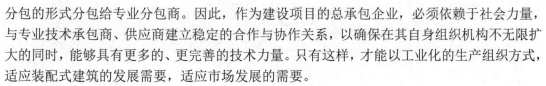

分包的形式分包给专业分包商。因此，作为建设项目的总承包企业，必须依赖于社会力量，与专业技术承包商、供应商建立稳定的合作与协作关系，以确保在其自身组织机构不无限扩大的同时，能够具有更多的、更完善的技术力量。只有这样，才能以工业化的生产组织方式，适应装配式建筑的发展需要，适应市场发展的需要。

现代协同建设系统就是基于产业链一体化所构成的建筑业协同化的组织模式；是基于产业协作所构成的组织体系；是以总承包企业为核心的，以分包商、专业分包商、供应商等所构成的多层级产业协作体系；是总承包商基于多层级的分包商、供应商，应对于多个建设项目的产业协作体系。

2．协同建设系统的构建和运行

协同建设系统有效运行的关键，在于其内部能否建立一个令行禁止的组织结构，这也正是协同建设系统真正的问题之一。尽管从形态上看，协同建设系统是一个由多个企业所组成的松散联合体，但其内部业务所特有的流程与利益关系，已经将其整合成为一个基于共同利益的合作组织。

（1）建设产业链的构建，是协同建设系统组织体系协同化构建的关键环节。

现代企业的竞争是产业链之间的竞争，在建设领域也不例外。建设施工企业，应使自身的发展与整个产业链的发展相适应、相协调。在协同建设系统产业链构建的过程中，核心企业是关键的环节。依靠核心企业所形成的工艺流程、系统流程与产业流程，相关企业以合作的方式、契约的方式，构成了相互依托的生产共同体。

作为基于合作的组织体系，协同建设系统的核心是直接承接项目建设任务的总承包商，基于成本、效率等原则，以总承包商为核心，以横向一体化为指导思想所构建的协同建设产业链，成为协同建设系统的协同化组织形态。

（2）虚拟企业的组织与管理，是协同建设系统的基本方法。

作为松散联合体与利益共同体，协同建设系统的内部运行与控制不能按照一般企业管理的规律来进行，但可以视为虚拟建设企业。虚拟建设企业的运行与管理的相关事务，将成为协同建设系统运行管理的基本方法。

协同建设系统虚拟建设企业的构建，将以一个或多个总承包企业为核心，按照不同的组织构成原则，形成联邦、星形或多层次等诸多模式。在不同的模式中，内部成员之间的关系是十分重要的。一般而言，其内部成员的关系主要有两类，一类是基于协作合同所形成的确定的契约关系，这是一张相对稳定的关系；另一类是基于长期合作与诚信所形成的合作伙伴关系。在长期的虚拟建设企业的运行过程中，合作伙伴关系无疑是最为重要的。

在虚拟建设企业的组织化构建中，两个关键的协同化组织机构：位于产业链前端的"项目协调组织"与产业链后端的"生产协调组织"，集中体现了协同建设系统的组织协同。

基于项目协调组织，协同建设系统对于已经承接的、将要承接的各个项目进行全面的整合，按照固定的技术标准对项目进行标准化的分解，使其成为不同类别的、标准化的工作单元，进而再利用成组技术对各个工作单元实施成组化，形成工作包。这些工作包可以体现为实体性的，也可以体现为工艺性的，根据工作包的性质将其转给协同建设系统的后端协同组织——生产协调委员进行生产协调。

分包协调组织则面对着众多的、完成相关工作包的协作分包商。通过对于各个分包的组织、管理、协作与控制，保证协作分包能够按照核心企业的相关技术标准与时间计划，有效地完成所承接的工作。保证对于协作分包有效控制的同时，维持与其良好的合作与协作关系，是该协同化组织的关键性工作。

7.2 装配式建筑工程全生命周期管理

7.2.1 装配式建筑工程全生命周期的构成

建筑工程全生命周期是以建筑工程的规划、设计、建设和运营维护、拆除、生态复原——一个工程的"从生到死"过程为对象，即从建筑工程或工程系统的萌芽到拆除、处置、再利用及生态复原的整个过程。装配式建筑工程全生命周期主要包括六个阶段：前期策划阶段、设计阶段、工厂生产阶段、现场装配阶段、运营维护阶段、拆解再利用阶段，如图 7.2 所示。

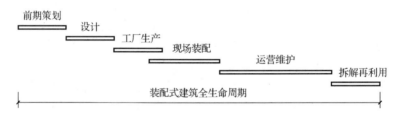

图 7.2　装配式建筑工程全生命周期示意图

1．前期策划阶段

在前期策划阶段，要从总体上考虑问题，提出总目标、总功能要求。这个阶段从工程构思到批准立项为止，其工作内容包括工程构思、目标设计、可行性研究和工程立项。该阶段在装配式建筑工程全生命周期中的时间不长，往往以高强度的能量、信息输入和物质迁移为主要特征。

2．设计阶段

设计阶段包括初步设计、技术设计和施工图设计，在该阶段要将工程分解到各个子系统（功能区）和专业工程（要素），将工程项目分解到各个阶段和各项具体的工作，对它们分别进行设计、估算费用、计划、安排资源和实施控制。

3．工厂生产阶段

预制构件生产厂按照设计单位的部品和构配件要求进行生产，生产的构件在达到设计强度并质检合格后出厂。

4．现场装配阶段

部品和构配件运输至施工现场，对部品和构件实现现场装配施工。这个阶段包括装配式工程及工程系统形成的一系列活动，直至建筑物交付使用为止。通常来说，此阶段历时也较短，伴随着高强度的物质、信息输入，此阶段的物质和信息输入直接影响建筑成品的使用与维护。

5．运营维护阶段

这个阶段是装配式建筑工程及工程系统在整个生命历程中较为漫长的阶段之一，是满足其消费者用途的阶段。此阶段往往持续几十年甚至上百年，物质、信息和能量的输入/输出虽然强度不大，但是由于时间漫长，其物质、信息输入/输出在整个全生命周期仍然占很大比重。

6．拆解再利用阶段

这个阶段可以被认为是装配式建筑工程及工程系统建造阶段的逆过程，发生在装配式建筑工程及工程系统无法继续实现其原有用途或是由于出让地皮、拆迁等原因不得不被拆除之时，包括工程及工程系统的拆解和拆解后建筑材料的运输、分拣、处理、再利用等过程。因此，此阶段能量、信息和物质的输入/输出强度都很小。

7.2.2　装配式建筑工程全生命周期信息管理

要解决装配式建筑工程中的管理问题，协调好设计与施工间的关系，使各阶段、各参与方之间的信息流通，共享是一个关键问题。信息化管理主线贯穿于整个项目，实现全生命周期流程节点确认及可追溯信息记录，并实现基于互联网、移动终端的动态适时管理。项目智能建造体系的全过程集成数据为项目建成后的智能化运营管理提供极大便利。BIM 技术在装配式建筑工程全生命周期管理中的应用框架如图 7.3 所示。

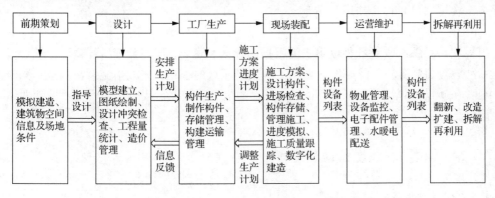

图 7.3　BIM 技术在装配式建筑工程全生命周期管理中的应用框架

7.3 装配式建筑工程项目质量管理

7.3.1 工程项目质量管理

1. 工程项目质量管理的定义

工程项目质量管理是指为保证提高工程项目质量而进行的策划和控制组织的协调活动。协调活动通常包括制定质量方针和质量目标，以及质量的策划、控制、保证和改进。它的目的是以尽可能低的成本，按既定的工期和质量标准完成建设项目。它的任务在于建立和健全质量管理体系，用企业的工作质量来保证工程项目产品质量。

工程项目质量管理是综合性的工作，项目质量管理涉及所有的项目管理职能和过程，包括项目前期策划、项目计划、项目控制的质量，以及范围管理、工期管理、成本管理、组织管理、沟通管理、人力资源管理、风险管理、采购管理及综合性管理过程。

2. 工程项目质量管理的原则

1）质量第一

在质量、进度、成本的三者关系中，认真贯彻"质量第一"的方针，而不能牺牲工程项目的质量，盲目去追求速度和效益。

2）预防为主

现代质量管理的基本信条之一是，质量是规划、设计和建造出来的，而不是检查出来的。预防错误的成本通常比在检查中发现并纠正错误的成本少得多。

3）用户满意

工程项目质量管理的目的是为项目的用户（顾客）和其他项目相关者提供高质量的工程和服务，实现项目目标，使用户满意。

4）用数据说话

工程项目组织应收集各种以事实为根据的数据和资料，应用数理统计方法，对工程项目质量活动进行科学分析，及时发现影响工程项目质量的因素，采取措施解决问题。同时，项目管理者在质量管理决策时，要有可靠、充足的信息和数据，从而保证项目质量管理体系的正常运行。

7.3.2 工程项目质量管理制度

1. 工程项目质量监督管理制度

1）监督管理部门

国务院建设行政主管部门对全国的建设工程项目质量实施统一监督管理。国务院铁路、交通、水利等有关部门按照国务院规定的职责分工，负责对全国的有关专业建设工程项目质量进行监督管理。

县级以上地方人民政府建设行政主管部门对本行政区域内的建设工程项目质量实施监督管理。县级以上地方人民政府交通、水利等有关部门在各自的职责范围内，负责对本行政区域内的专业建设工程项目质量进行监督管理。

2）监督检查的内容

国务院建设行政主管部门和国务院铁路、交通、水利等有关部门应当加强对有关建设工程项目质量的法律、法规和强制性标准执行情况的监督检查。

国务院发展计划部门按照国务院规定的职责，组织稽查特派员，对国家出资的重大建设项目实施监督检查。

国务院经济贸易主管部门按照国务院规定的职责，对国家重大技术改造项目实施监督检查。

县级以上地方人民政府建设行政主管部门和其他有关部门应当加强对有关建设工程项目质量的法律、法规和强制性标准执行情况的监督检查。

建设工程项目质量监督管理，可以由建设行政主管部门或者其他有关部门委托的建设工程质量监督机构具体实施。

2．工程项目施工图设计文件审查制度

建设单位应当将施工图设计文件报县级以上人民政府主管部门或者其他有关部门审查。施工图设计文件未经审查批准，不得使用。

3．工程项目竣工验收备案制度

建设单位应自竣工验收合格之日起 15d 内，将建设工程竣工验收报告和规划、公安消防、环保等部门出具的认可文件或者准许使用文件报建设主管部门或者其他有关部门备案。

建设行政主管部门或者其他有关部门发现建设单位在竣工验收过程中有违反国家有关工程项目质量管理规定行为的，责令停止使用，重新组织竣工验收。

4．工程项目质量事故报告制度

工程项目发生质量事故，有关单位应当在 24h 内向当地建设行政主管部门和其他有关部门报告。对重大质量事故，事故发生地的建设行政主管部门和其他有关部门应当按照事故类别和等级向当地人民政府和上级建设行政主管部门和其他有关部门报告。

特别重大质量事故的调查程序按照国务院有关规定办理。

任何单位和个人对建筑工程的质量事故、质量缺陷都有权检举、控告、投诉。

5．工程项目质量检测制度

工程项目质量检测机构是对工程和建筑构件、制品以及建筑现场所用的有关材料、设备质量进行检测的法定单位，所出具的检测报告具有法定效力。当发生工程质量责任纠纷时，国家级检测机构出具的检查报告，在国内是最终裁定，在国外具有代表国家的性质。

工程质量检测机构的检查依据是国家、部门和地区颁发的有关建设工程的法规和技术标准。

（1）我国的工程质量检测体系由国家级、省级、市（地区）级、县级检测机构所组成，国家建设工程质量检测中心是国家级的建设工程质量检测机构。

省级的建设工程质量检测中心，由省级建设行政主管部门和技术监督管理部门共同审查认可。

（2）各级检测机构的工作权限。国家检测中心受国务院建设行政主管部门委托，有权对指定的国家重点工程进行检查复核，向国务院建设行政主管部门提出检测复核报告和建议。

各地检测机构有权对本地区正在施工的建筑工程所用的建筑材料、混凝土、砂浆和建筑构件等进行随机抽样检测，向本地建设行政主管部门和工程质量监督部门提出抽检报告和建议。

6. 工程项目质量保修制度

工程自办理交工验收手续后，在规定的期限内，因勘察设计、施工、材料等原因造成的工程质量缺陷，要由施工单位负责维修、更换。

工程质量缺陷是指工程不符合国家现行的有关技术标准、设计文件以及合同中对质量的要求。

7. 质量认证制度

质量认证制度是由可以充分信任的第三方证实某一经鉴定的产品或服务符合特定标准或规范性文件的制度。质量认证就是当第一方（供方）生产的产品在第二方（需方）无法判定其质量时，由第三方站在中立的立场上，通过客观公正的方式来判定质量。

按照认证对象的不同，质量认证可以分为两大类，即产品质量认证和质量体系认证。如果把工程项目作为一个整体产品来看，因为它具有单件性和通过合同定制的特点，因此不能像一般市场产品那样对它进行认证，而只能对其形成过程的主体单位，即对从事工程项目勘察、设计、施工、监理、检测等单位的质量体系进行认证，以确认这些单位是否具有标准规范要求的保证工程项目质量的能力。

质量认证不实行终身制，质量认证证书的有效期一般为三年，期间认证机构对获证的单位还需要进行定期和不定期的监督检查，在监督检查中如发现获证单位在质量管理中有较大、较严重的问题时，认证机构有权采取暂停认证、撤销认证及注销认证等处理方法，以保证质量认证的严肃性、连续性和有效性。

7.3.3 装配式建筑工程项目质量管理

相比已经非常成熟的现浇混凝土结构工程而言，装配式工程设计和建造过程除了需要各工程实施主体高标准、精细化管理外，还需要工程管理单位统筹工程方案和施工图设计、构件深化设计、预制构件生产、安装施工及工程验收等全过程的质量管理。

1. 设计质量管理

装配式混凝土结构工程设计分方案设计、施工图设计、深化设计三个阶段进行，工程设计单位应对各个阶段的设计工作质量总体协调，审查三阶段的设计质量和设计深度。实施阶段，设计单位需派遣设计人员全过程参与装配式混凝土工程项目的配合工作，大中型、重点

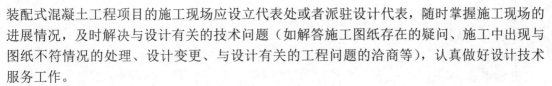

装配式混凝土工程项目的施工现场应设立代表处或者派驻设计代表，随时掌握施工现场的进展情况，及时解决与设计有关的技术问题（如解答施工图纸存在的疑问、施工中出现与图纸不符情况的处理、设计变更、与设计有关的工程问题的洽商等），认真做好设计技术服务工作。

1）方案设计

装配式混凝土建筑的设计单位除了具有国家规定的设计资质，并在其资质等级许可的范围内承揽工程设计任务外，还应该具有丰富的装配式工程实施经验。装配式建筑规划及方案设计应结合建筑功能、建筑造型，从建筑整体设计入手，无论是预制建筑方案设计，还是预制结构方案设计都要由专业顾问参与指导，规划好各部位拟采用的工业化部品和构配件，并实现部品和构配件的标准化、定型化和系列化。

2）施工图设计

施工图设计的质量，决定着工程建设的性价比，直接决定着工程结构的安全和使用功能。施工图设计应按照建筑设计与装修设计一体化的原则，对户内管线、用水点及电气点位等准确定位，满足装修一次到位要求，保证建筑设计与装修设计的一致性。楼梯间、门窗洞口、厨房和卫生间的设计，要重点检查其是否符合国家现行标准的有关规定。

装配式建筑施工图设计除了要在平面、立面、剖面准确表达预制构件的应用范围、构件编号及位置、安装节点等要求外，还应包括典型预制构件图、配件标准化设计与选型、预制构件性能设计等内容。施工图设计必须要满足后续预制构件深化设计的要求，在施工图初步设计阶段就与深化设计单位充分沟通，将装配式要求融入施工图设计中，减少后续图纸变更或更改，确保施工图设计图纸的深度对于深化设计需要协调的要点已经充分清晰表达。

装配式建筑施工图设计文件须经施工图审查机构审查，施工图审查机构应严格按照国家有关标准、规范的要求对施工图设计文件进行审查。在对标准规范理解不清或超出规定的情况下，可以依据专家评审意见进行施工图审查。

3）深化设计

构件加工深化设计工作作为装配式建筑的专项设计，具有承上启下、贯穿始终的作用，直接影响工程项目实施的质量与成本。在选择深化设计单位时应调查研究，委托有长期从事预制技术研究和工程应用经验的单位进行深化设计，深化设计单位应具备丰富的装配式建筑方案设计、构件深化设计、生产及安装的专业能力和实际经验，对项目方案设计、施工图设计、构件生产及构件安装的产业化整体质量管理计划具备协调控制能力，为后续的生产、安装顺利实施做好准备。

预制构件施工图深化设计包括：平、立面安装布置图，典型构件安装节点详图，预制构件安装构造详图部分的各专业设计预留、预埋件定位图。预制构件加工图深化设计包括：预制构件图（如有要求含面层装饰设计图及节能保温设计图），构件配筋图，生产及运输用配件详图等。

在深化设计前，深化设计人员应仔细审核建筑、结构、水、暖、电等设备施工图，解决遗漏、矛盾等问题，提出深化设计工作计划。深化设计过程应加强与预制构件厂及施工单位的配合，确保深化设计成果满足实施要求。深化设计工作完成后，应提交给工程设计单位进行审核确认；确认无误后，构件深化设计图纸即可作为装配式混凝土结构工程的实施依据。

2．预制构件生产质量管理

为确保预制构件质量，构件生产要处于严密的质量管理和控制之下，质量管理要对构件生产过程中的试验检测、质量检验工作制订明确的管理要求，保持质量管理有效运行和持续改进。

1）预制构件质量管理要求

预制构件（部品部件）质量管理体系是体现预制构件生产企业质量保证能力的基本要求，也是企业申请装配式建筑部品部件认证的基本条件，具体要求如下：

（1）生产企业具备构件生产的软、硬件设施条件；

（2）生产企业具有管控部品部件质量的标准，包括具有部品部件的产品质量标准、检测技术标准；

（3）部品部件质量应符合标准，应有生产企业的检测报告或者第三方检测报告；

（4）生产企业应具备生产、深化设计与安装一体化能力，包括部品部件的生产、应用设计、施工、现场装配及验收；

（5）生产企业应保证运输全过程部品部件的质量，运至现场的部品部件出现的质量问题由生产企业负责更换；

（6）预制构件应在易于识别的部位设置出厂标志，标明生产企业的名称、制作日期、品种、规格、编码等信息。

2）预制构件质量检验内容

预制混凝土构件生产质量检验可分为模具质量检验、钢筋及混凝土原材料质量检验、预埋件及配件质量检验、构件生产过程中各工序质量检验、构件成品检验及存放和运输检验等六部分内容，每部分检验工作都应该制订相应的质量检验制度和方案，规定检验的人员和职责、取样的方法和程序、批量的规则、质量标准、不合格情况的处理、检验记录的形成、资料传递和保存等，确保各项质量检验得以严格和有效执行并保持质量的可追溯性。

3）预制构件资料管理

预制构件资料包含预制构件工厂自身存档资料和构件交付时应提供的验收资料两部分，后者是前者中的一部分，在构件现场交付时作为质量证明所用。

（1）预制构件工厂的资料管理。预制构件工厂资料是预制构件生产全过程质量的完整真实记录，包括图纸和设计文件资料，生产组织、技术方案和操作指导技术资料，原材料厂家和进场试验资料，过程操作资料，质量检验和控制资料，必要的检测报告文件及合格证资料等。

预制构件工厂应根据要求建立技术资料管理规定，并规定形成的资料明细和责任部门，采用清单式辅助管理，从原材料、加工过程到成品的质量检验记录均应真实详细、形成及时。预制工厂构件资料应按有关要求进行收集、整理、存档保存，保存方式、年限和储存环境应符合要求，以备索引、检查和生产质量追溯。

（2）预制构件工厂提供的资料。构件交付时提供的资料应以设计要求或合同约定为准，一般仅提供如下质量证明文件。施工单位或监理应对运输到场的预制构件质量和标志进行查验，确认满足要求且与所提供资料相符后方可卸车：

① 预制构件出厂合格证（混凝土强度、主要受力钢筋、其他特殊要求）；

② 结构性能证明文件（结构性能检验报告或加强措施质量证明文件）；

③ 装饰保温性能证明文件；

④ 其他必要的证明文件。

3. 现场施工质量管理

装配式混凝土结构工程施工应制定施工组织设计和专项施工方案，提出构件安装方法、节点施工方案等。装配式混凝土结构工程施工质量管理的重点环节有预制构件的运输与堆放、施工准备、构件安装就位、节点连接施工，做好质量管理协调工作，制订相应的质量保证措施。

1）预制构件的运输与堆放

施工现场距离生产构配件的工厂距离一般较远，需要由专业的运输车辆将构配件运至施工现场，并需要在运输途中对构配件做出相应的保护措施。构配件到达施工现场后，还要对构配件进行合理堆放和适当的养护，以免因自然因素或人为因素影响而受损，从而影响建筑质量。

企业应制定预制构件的运输与堆放方案，其内容应包括运输时间、次序、堆放场地、运输线路、固定要求、堆放支垫及成品保护措施等。对于超高、超宽、形状特殊的大型构件的运输和堆放应有专门的质量安全保证措施。构配件堆放场地规划不合理及构配件不科学堆放都会影响以后的施工质量。

2）施工准备

施工准备工作对整个装配式建筑施工阶段的质量控制起着举足轻重的作用对控制影响质量的因素具有重要意义。装配式结构施工前应编制专项施工方案和相应的计算书，并经监理审核批准后方可实施。

施工机械质量水平、施工人员的专业水平，以及现场基础设施设置情况会对施工质量产生影响。此外，具有完备的图纸会审、质量规划方案和施工方案也是装配式施工可顺利完成的重要因素。

3）构件安装就位、节点连接施工

装配式建筑与传统现浇建筑的一个重大区别在于施工方式发生了重大变革，由此也造就了施工现场的人员比例和相关的施工机械配置产生了重大变化。要充分发挥装配式建筑的施工效益，很重要的一点就是使技术娴熟的工人与性能良好的施工机械之间有机结合。

在装配式施工过程中容易出现施工人员不按照规范和说明对主要机械设备（如运输设备、吊装设备及灌浆专用设备等）进行操作，不仅降低了施工质量，还导致了力学性能的下降。此外，关键部位的施工不善也会对施工质量造成直接影响。例如，梁板柱等构配件的结合不仅需要搭接，还需要进行现浇和灌浆工作，避免因放线测量等工作不善导致的构配件安装工作的误差，构配件吊装不到位会直接影响结构整体受力性能的发挥。构配件的关键部位施工需要谨慎对待，任何方面的疏忽都有可能造成质量损失。

4）质量管理协调

装配式建筑在施工技术上比传统的现浇式建筑有了突破性的进展。在技术水平有了较大发展的情况下，就要求组织管理也产生相应的变革。施工方需要与构配件厂就构配件的质量进行协调；同设计单位就技术交底、图纸交底及某些不可避免的设计变更进行积极协调；为了保证工程验收质量，工程收尾时要与业主方、监理方进行必要的验收工作，尤其是构配件搭接部位和灌浆部位的质量验收；与此同时，劳务分包方也应做好管理协调工作，使施工顺利完成。

7.3.4 装配式建筑施工质量控制原则与措施

1．质量控制原则

1）兼顾事前、事中、事后控制

事前控制是重点，这是由工程项目质量的内在特点决定的。在施工之前，应对影响装配式施工质量的因素进行细致分析，对装配式建筑施工程序中的常见问题提出解决方案，从而保证工程质量。如果事前控制工作不充分，施工过程中一旦发生质量问题，将需要花费大量人力和物力去弥补，后果不堪设想。

事中控制重点在于对施工过程的控制。装配式建筑施工相对于传统的现浇结构施工有很大的不同，要以施工中的构配件运输、堆放、检验和安装等一系列过程为主线，提高工人的技术水平，配备相应的起重吊装设备，强调对各工序的验收，严格执行装配式建筑的各项规范，最终确保装配式结构的施工质量。

事后总结要及时。事后总结经验是为了更好地指导今后的工程实践。装配式建筑在我国刚刚兴起，发展不成熟，可参考的数据资料很少。所以，施工方在施工过程中，为了获得稳定可靠的一手资料，要注意对现场情况的实时记录，并委派业务素质较高的专门人员进行记录。企业对施工记录的资料进行系统分析，可以比较准确地掌握影响施工质量的因素，进而为提高质量水平做出一系列必要措施，增强自身的竞争水平，为以后进行同类型的施工做依据。

2）加强内部控制和外部控制

装配式建筑施工过程中存在影响施工质量的诸多因素。预制构件质量和不可避免的设计变更等因素是需要项目参与各方共同应对的因素，应该以合同的方式来约定各参与方的权利和义务，在履行自身义务的同时也要监督对方履行应尽的义务。

加强人员与机械操作因素的控制，由于这部分活动完全由施工方承担，因此以经济手段和技术手段为主进行内部控制。

3）树立系统观念

施工企业进行工程项目建设的过程并不是孤立进行的，需要将工程项目各参与方视为一个系统，那么施工方是这个系统中的一个子系统。系统水平的高效发挥需要各子系统的有机协作。施工方要想使施工质量达到良好效果，必须树立系统观念，在立足自身的基础上与其他各参与方积极协调，达到质量控制的目标。

4）持续改进原则

装配式建筑在我国还处于初级阶段，所以，在项目实施的各阶段均存在提升的空间。注意总结自身在装配式施工前后的资料记录，并对关键工序如构配件的吊装和搭接进行总结，同时，也要借鉴和学习他人的施工经验，与建设方、设计方就构配件的安装验收和交底等关键技术问题进行深入交流，从而不断改进装配式建筑的施工质量。

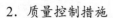

2．质量控制措施

装配式建筑施工质量控制应当综合运用项目管理中的四种措施：合同措施、组织措施、经济措施和技术措施。针对不同的施工质量影响因素所采取的措施应该有所侧重。处理不同的风险因素，采取不同的措施方法，才能取得良好效果。

1）预制构件运输与堆放的质量控制措施

预制构件的生产过程与施工过程的质量监管方式不同，预制构件进场时，施工方应当采取各种技术措施加强检验，对于不合格的构配件应当要求置换；要与预制构件供应单位签订供应合同，明确对有质量问题的构配件的处理方法；运输过程中，应制定合理的运输方案，防止预制构件在运输途中受损；预制构件到场后的养护或在使用中出现损坏，由施工方承担损失。因此，施工方要组织人员，采取相应的措施对预制构件进行养护，防止发生质量损失。

2）针对施工准备的质量控制措施

施工准备阶段要编制详细的装配式施工质量规划。对施工人员进行教育培训是实现质量目标的重要措施，施工方要加强对工人的技术培训，提高技术水平，保证施工进行时的质量，尤其要加强对工人进行预制构件连接点及工序穿插的培训。技术人员应当对图纸会审给予充分重视，了解装配式建筑施工图与传统施工图的差异，同时编制合理的装配式施工方案，从而为吊装工作做准备。

3）构件安装到位、节点连接施工的质量控制措施

构件安装就位、节点连接施工阶段，人员与机械的组织是施工方需要重点控制的，组建一个强有力的以项目经理为首的项目部，项目部下设的各个部门应该加强沟通理解，认真履行义务，责任到人，明确每个人员的职责权利关系，条件充分时要设置质量小组，小组成员要密切监控各责任范围内的质量因素。对于施工中工序的衔接、构配件之间的搭接及套筒灌浆施工更需要引起施工方的特别注意，只有组织、技术和经济措施多管齐下才能保证装配式施工质量效果。

4）管理协调的措施

管理协调因素对质量控制的影响具有综合性，上述三项措施都是针对某种因素进行的，而管理协调则将装配式建筑施工过程中的各参与方进行系统考虑、综合分析及宏观调控，这需要施工方高超的管理水平。施工方的最佳策略就是对内综合使用经济措施、技术措施和组织措施，实现内部的良好运转；对外主要以合同措施为基础，增强自身的沟通交流水平，避免其他参与方的失误影响施工质量，从而实现质量控制的目标。

总之，在装配式建筑施工过程中，质量控制是装配式建筑顺利推广与应用的重要环节。系统地归纳装配式建筑施工过程常见的质量问题、产生的原因及可能造成的不良影响，是装配式建筑质量控制的重要前提。监控装配式建筑施工过程质量有助于丰富和完善工程项目管理理论，也有助于施工方逐步完善装配式建筑的施工工艺，提高装配式建筑的施工质量，逐步建立装配式建筑全面、系统的质量控制方法，提升装配式建筑的质量。

本 章 小 结

　　对于装配式建筑而言，工程总承包模式是一种必然性的选择。只有实现设计施工一体化，才能在各种现实的标准化的构配件、工艺流程与预期建筑物之间建立必然性的关系。

　　装配式建筑工程全寿命周期主要包括六个阶段：前期策划阶段、设计阶段、工厂生产阶段、现场装配阶段、运营维护阶段、拆解再利用阶段等。

　　装配式工程的质量控制应该从设计、构件生产、工程施工等方面严格管控。

　　装配式建筑施工质量控制原则包括：兼顾事前、事中、事后控制，加强内部控制和外部控制，树立系统观念，持续改进原则。

习 题

1．如何理解工程总承包模式更适合装配式建筑的生产方式？
2．工程总承包企业及项目经理的基本条件是什么？
3．装配式建筑工程全生命周期由哪几个阶段构成？
4．工程项目质量管理的基本原则有哪些？
5．装配式建筑工程质量控制的措施有哪些？

第8章 装配式建筑计量与计价

通过本章的学习，学生应了解装配式混凝土结构工程、装配式钢结构工程、装配式木结构工程定额说明和工程量计算规则；熟悉装配式建筑工程造价特点，熟悉装配式建筑工程造价的方法；掌握装配式建筑建筑安装工程费用构成，掌握装配式建筑消耗量定额的构成和作用。

本章重点

装配式建筑建筑安装工程费用及装配式建筑消耗量定额的构成。

8.1 装配式建筑工程造价特点及方法

装配式建筑工程造价的特点是由装配式建筑的特性和生产方式决定的。

8.1.1 装配式建筑工程造价的特点

1. PC 构件工厂产品价格高

目前的 PC 构件工厂往往采用信息化、自动化、集成化程度很高的进口成套设备生产预制混凝土构件。该生产设备具有摊销价值高、折旧期长的特点。所以，与传统生产工艺比较，提高了 PC 构件的价格。

另外，PC 构件需要用专用的运输设备运到施工现场。运输距离超过合理的范围，必然增加 PC 构件的运输成本。

2. 部品化特性改变了计价方式

装配式建筑的基础部分还是采用传统的现浇混凝土的方式，可以根据传统计价定额用分部分项工程项目来计算工程造价。

住宅部品化后，构成工程造价的实体单元以各部品的形式出现。一个部品往往由两个或者两个以上的分项工程按其功能要求组合而成，计价过程具有综合性特征。因此，装配式部品化特性，改变了传统的工程造价计价方式。

3．市场定价逐渐占据主导地位

PC 构件工厂的预制构件是产品，屋顶、墙体、楼板、门窗、隔墙、卫生间、厨房、阳台、楼梯储柜等部品分别由各工厂生产，这些产品都有出厂价或者生产价，通过市场交易、采用市场价确定部品价格已经成为确定工程造价的主流，往往不会按照计价定额来确定单价。

8.1.2　装配式建筑工程造价的方法

1．建筑物基础部分由分部分项工程单位估计法确定工程造价

装配式建筑物基础部分，可以采用传统的单位估计法来确定工程造价，以人工费为取费基础。其数学模型构建如下：

$$基础部分工程造价=\{\sum[基础部分的分项工程量×定额基价（不含增值税）]$$
$$+\sum（基础部分的分项工程量×定额人工单价）\}$$
$$×（1+管理费率+利润率+措施项目费率+其他项目费率$$
$$+规费率）×（1+增值税率）$$

2．装配式预制构件依据消耗量定额，采用实物金额法确定工程造价

装配式预制构件依据消耗量定额，采用实物金额法确定工程造价，以工程直接费为取费基础。其数学模型构建如下：

$$预制构件工程造价=\{\sum[预制构件制作工程量×定额基价（不含增值税）]$$
$$+\sum[预制构件运输工程量×定额基价（不含增值税）]$$
$$+\sum[预制构件吊装工程量×定额基价（不含增值税）]\}$$
$$×（1+管理费率+利润率+措施项目费率+其他项目费率$$
$$+规费率）×（1+增值税率）$$

3．住宅部品采用市场价确定工程造价

住宅部品可以采用市场价确定工程造价。其数学模型构建如下：

$$住宅部品工程造价=\{\sum[住宅部品数量×市场价（不含增值税）]$$
$$+\sum[住宅部品运输数量×市场价（不含增值税）]$$
$$+\sum[住宅部品安装数量×市场价（不含增值税）]\}$$
$$×（1+管理费率+利润率+措施项目费率+其他项目费率$$
$$+规费率）×（1+增值税率）$$

综上所述，装配式建筑工程造价，一般要根据具体情况采用上述一种、两种或三种方法进行计算：装配式建筑工程造价=基础部分工程造价+预制构件工程造价+住宅部品工程造价。

8.2　装配式建筑建筑安装工程费用构成

　　装配式建筑建筑安装工程费按照工程造价形成由分部分项工程费、措施项目费、其他项目费、规费、税金组成。其中，分部分项工程费包括人工费、材料费、施工机具使用费、企业管理费和利润；措施项目费包括安全文明施工费、夜间施工增加费、二次搬运费、冬雨期施工增加费、已完工程及设备保护费、工程定位复测费、特殊地区施工增加费、大型机械设备进出场及安拆费、脚手架工程费；其他项目费包括暂列金额、计日工、总承包服务费；规费包括社会保险费、住房公积金、工程排污费；税金包括增值税。营改增后规定建筑安装工程费用构成内容如表 8.1 所示。

表 8.1　营改增后建筑安装工程费用构成

序号	费用	组成内容
1	分部分项工程费	人工费
		材料费
		施工机具使用费
		企业管理费（含城市建设维护税、教育费附加、地方教育费附加）
		利润
2	措施项目费	安全文明施工费
		夜间施工增加费
		二次搬运费
		冬雨期施工增加费
		已完工程及设备保护费
		工程定位复测费
		特殊地区施工增加费
		大型机械设备进出场及安拆费
		脚手架工程费
3	其他项目费	暂列金额
		计日工
		总承包服务费
4	规费	社会保险费
		住房公积金
		工程排污费
5	税金	增值税

8.2.1　分部分项工程费

1. 人工费

　　人工费是指按工资总额构成规定，支付给从事建筑安装工程施工的生产工人和附属生产单位工人的各项费用。其内容包括计时工资或计件工资、奖金、津贴补贴、加班加点工资、特殊情况下支付的工资。

（1）计时工资或计件工资是指按计时工资标准和工作时间或对已做工作按计件单价支付给个人的劳动报酬。

（2）奖金是指对超额劳动和增收节支支付给个人的劳动报酬，如节约奖、劳动竞赛奖等。

（3）津贴补贴是指为了补偿职工特殊或额外的劳动消耗和因其他特殊原因支付给个人的津贴，以及为了保证职工工资水平不受物价影响支付给个人的物价补贴，如流动施工津贴、特殊地区施工津贴、高温（寒）作业临时津贴、高空津贴等。

（4）加班加点工资是指按规定支付的在法定节假日工作的加班工资和在法定日工作时间外延时工作的加点工资。

（5）特殊情况下支付的工资是指根据国家法律、法规和政策规定，因病、工伤、产假、计划生育假、婚丧假、事假、探亲假、定期休假、停工学习、执行国家或社会义务等原因按计时工资标准或计时工资标准的一定比例支付的工资。

2．材料费

材料费是指施工过程中耗费的原材料、辅助材料、构配件、零件、半成品或成品、工程设备的费用。其内容包括材料原价、运杂费、运输损耗费、采购及保管费、工程设备费。

（1）材料原价是指材料、工程设备的出厂价格或商家供应价格。

（2）运杂费是指材料、工程设备自来源地运至工地仓库或指定堆放地点所发生的全部费用。

（3）运输损耗费是指材料在运输装卸过程中不可避免的损耗。

（4）采购及保管费是指为组织采购、供应和保管材料、工程设备的过程中所需要的各项费用，包括采购费、仓储费、工地保管费、仓储损耗。

（5）工程设备费是指构成或计划构成永久工程一部分的机电设备、金属结构设备、仪器装置费，以及其他类似的设备和装置费。

3．施工机具使用费

施工机具使用费是指施工作业所发生的施工机械、仪器仪表使用费或其租赁费。

（1）施工机械使用费以施工机械台班耗用量乘以施工机械台班单价表示，施工机械台班单价应由下列七项费用组成：

① 折旧费指施工机械在规定的使用年限内，陆续收回其原值的费用。

② 大修理费指施工机械按规定的大修理间隔台班进行必要的大修理，以恢复其正常功能所需的费用。

③ 经常修理费指施工机械除大修理以外的各级保养和临时故障排除所需的费用，包括为保障机械正常运转所需替换设备与随机配备工具附具的摊销和维护费用、机械运转中日常保养所需润滑与擦拭的材料费用及机械停滞期间的维护和保养费用等。

④ 安拆费及场外运费。安拆费指施工机械（大型机械除外）在现场进行安装与拆卸所需的人工、材料、机械和试运转费用，以及机械辅助设施的折旧、搭设、拆除等费用；场外运费指施工机械整体或分体自停放地点运至施工现场或由一施工地点运至另一施工地点的运输、装卸、辅助材料及架线等费用。

⑤ 人工费指机上司机（司炉）和其他操作人员的人工费。

⑥ 燃料动力费指施工机械在运转作业中所消耗的各种燃料及水、电等的费用。

⑦ 税费指施工机械按照国家规定应缴纳的车船使用税、保险费及年检费等。

（2）仪器仪表使用费是指工程施工所需使用的仪器仪表的摊销及维修费用。

4．企业管理费

企业管理费是指建筑安装企业组织施工生产和经营管理所需的费用。其内容包括管理人员工资、办公费、差旅交通费、固定资产使用费、工具用具使用费、劳动保险和职工福利费、劳动保护费、检验试验费、工会经费、职工教育经费、财产保险费、财务费、税金和其他费用。

（1）管理人员工资是指按规定支付给管理人员的计时工资、奖金、津贴补贴、加班加点工资及特殊情况下支付的工资等。

（2）办公费是指企业管理办公用的文具、纸张、账表、印刷、邮电、书报、办公软件、现场监控、会议、水电、烧水和集体取暖降温（包括现场临时宿舍取暖降温）等费用。

（3）差旅交通费是指职工因公出差、调动工作的差旅费、住勤补助费、市内交通费和误餐补助费，职工探亲路费，劳动力招募费，职工退休、退职一次性路费，工伤人员就医路费，工地转移费以及管理部门使用的交通工具的油料、燃料等费用。

（4）固定资产使用费是指管理和试验部门及附属生产单位使用的属于固定资产的房屋、设备、仪器等的折旧、大修、维修或租赁费。

（5）工具用具使用费是指企业施工生产和管理使用的不属于固定资产的工具、器具、家具、交通工具和检验、试验、测绘、消防用具等的购置、维修和摊销费。

（6）劳动保险和职工福利费是指由企业支付的职工退职金、按规定支付给离休干部的经费、集体福利费、夏季防暑降温费、冬季取暖补贴、上下班交通补贴等。

（7）劳动保护费是企业按规定发放的劳动保护用品的支出，如工作服、手套、防暑降温饮料，以及在有碍身体健康的环境中施工的保健费用等。

（8）检验试验费是指施工企业按照有关标准规定，对建筑及材料、构件和建筑安装物进行鉴定、检查所发生的费用，包括自设实验室进行试验所耗用的材料等费用；不包括新结构、新材料的试验费，对构件做破坏性试验及其他特殊要求检验试验的费用和建设单位委托检测机构进行检测的费用，此类检测发生的费用由建设单位在工程建设其他费用中列支。但对施工企业提供的具有合格证明的材料进行检测，不合格的，该检测费用由施工企业支付。

（9）工会经费是指企业按《工会法》规定的全部职工工资总额比例计提的工会经费。

（10）职工教育经费是指按职工工资总额的规定比例计提，企业为职工进行专业技术和职业技能培训，专业技术人员继续教育，职工职业技能鉴定、职业资格认定，以及根据需要对职工进行各类文化教育所发生的费用。

（11）财产保险费是指施工管理用财产、车辆等的保险费用。

（12）财务费是指企业为施工生产筹集资金或提供预付款担保、履约担保、职工工资支付担保等所发生的各种费用。

（13）税金是指企业按规定缴纳的城市维护建设税、教育费附加、地方教育费附加，还包括房产税、车船使用税、土地使用税、印花税等。

（14）其他费用包括技术转让费、技术开发费、投标费、业务招待费、绿化费、广告费、公证费、法律顾问费、审计费、咨询费、保险费等。

5. 利润

利润是指施工企业完成所承包工程获得的盈利。

8.2.2　措施项目费

措施项目费是指为完成建设工程施工，发生于该工程施工前和施工过程中的技术、生活、安全、环境保护等方面的费用。其内容如下。

1. 安全文明施工费

（1）环境保护费。指施工现场为达到环保部门要求所需要的各项费用。
（2）文明施工费。指施工现场文明施工所需要的各项费用。
（3）安全施工费。指施工现场安全施工所需要的各项费用。
（4）临时设施费。指施工企业为进行建设工程施工所必须搭设的生活和生产用的临时建筑物、构筑物和其他临时设施费用。包括临时设施的搭设、维修、拆除、清理费或摊销费等。

2. 夜间施工增加费

夜间施工增加费指因夜间施工所发生的夜班补助费、夜间施工降效、夜间施工照明设备摊销及照明用电等费用。

3. 二次搬运费

二次搬运费指因施工场地狭小等特殊情况，必须进行二次或多次搬运所发生的费用。

4. 冬雨期施工增加费

冬雨期施工增加费是指在冬期或雨期施工需增加的临时设施、防滑、排除雨雪、人工及施工机械效率降低等费用。

5. 已完工程及设备保护费

已完工程及设备保护费指竣工验收前，对已完工程及设备采取的必要保护措施所发生的费用。

6. 工程定位复测费

工程定位复测费指工程施工过程中进行全部施工测量放线和复测工作的费用。

7. 特殊地区施工增加费

特殊地区施工增加费是指工程在沙漠或其边缘地区、高海拔、高寒、原始森林等特殊地区施工增加的费用。

8．大型机械设备进出场及安拆费

大型机械设备进出场及安拆费指机械整体或分体自停放场地运至施工现场或由一个施工地点运至另一个施工地点，所发生的机械进出场运输及转移费用，以及机械在施工现场进行安装、拆卸所需的人工费、材料费、机械费、试运转费和安装所需的辅助设施的费用。

9．脚手架工程费

脚手架工程费指施工需要的各种脚手架搭、拆、运输费用，以及脚手架购置费的摊销（或租赁）费用。

8.2.3　其他项目费

1．暂列金额

暂列金额指建设单位在工程量清单中暂定并包括在工程合同价款中的一笔款项。用于施工合同签订时尚未确定或者不可预见的所需材料、工程设备、服务的采购，施工中可能发生的工程变更、合同约定调整因素出现时的工程价款调整以及发生的索赔、现场签证确认等的费用。

2．计日工

计日工指在施工过程中，施工企业完成建设单位提出的施工图样以外的零星项目或工作所需的费用。

3．总承包服务费

总承包服务费指总承包人为配合、协调建设单位进行的专业工程发包，对建设单位自行采购的材料、工程设备等进行保管，以及施工现场管理、竣工资料汇总整理等服务所需的费用。

8.2.4　规费

规费指按国家法律、法规规定，由省级政府和省级有关权力部门规定必须缴纳或计取的费用。

1．社会保险费

（1）养老保险费。指企业按照规定标准为职工缴纳的基本养老保险费。
（2）失业保险费。指企业按照规定标准为职工缴纳的失业保险费。
（3）医疗保险费。指企业按照规定标准为职工缴纳的基本医疗保险费。
（4）生育保险费。指企业按照规定标准为职工缴纳的生育保险费。
（5）工伤保险费。指企业按照规定标准为职工缴纳的工伤保险费。

2．住房公积金

住房公积金是指企业按规定标准为职工缴纳的住房公积金。

3．工程排污费

工程排污费指按规定缴纳的施工现场工程排污费。
其他应列而未列入的规费，按实际发生计取。

8.2.5　增值税

1．增值税含义

增值税指国家税法规定应计入建筑安装工程造价的税种。

增值税是对纳税人生产经营活动的增值额征收的一种税，是流转税的一种。增值额是纳税人生产经营活动实现的销售额与其从其他纳税人购入货物、劳务、服务之间的差额。

2．增值税计算方法

根据建办标〔2016〕4 号文《住房城乡建设部办公厅关于做好建筑业营改增建设工程计价依据调整准备工作的通知》及财税〔2018〕32 号文《财政部　税务总局关于调整增值税税率的通知》的要求，工程造价计算方法如下：

$$工程造价=税前工程造价×（1+10\%）$$

其中，10%为建筑业拟征增值税税率，税前工程造价为人工费、材料费、施工机具使用费、企业管理费、利润和规费之和，各费用项目均以不包含增值税可抵扣进项税额的价格计算，相应计价依据按上述方法调整。

8.3　装配式建筑工程消耗量定额

装配式建筑工程消耗量定额是为了规范建设工程工程量清单计价行为，进一步贯彻政府宏观调控、企业自主报价、市场形成价格、社会监督的工程造价管理思路，正确引导建设市场各主体工程量清单的编制和计价工作，是编制施工图预算、招标标底、投标报价、确定工程造价的基本依据。

8.3.1　装配式建筑工程消耗量定额的构成

装配式建筑工程消耗量定额主要包括人工工日消耗量、材料消耗量和机械台班消耗量。

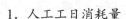

1．人工工日消耗量

人工工日消耗量包括基本用工和其他用工。基本用工是指完成分项工程或子项工程的主要用工量。其他用工是辅助基本用工完成生产任务所耗用的人工。其他用工按工作内容的不同可分为辅助用工、超运距用工和人工幅度差三项。

2．材料消耗量

材料消耗量是为完成质量合格的单位产品所必须消耗的材料数量标准，包括材料净用量和不可避免的合理损耗量。材料净用量是为了完成单位合格产品或施工过程所必需的材料数量。不可避免的合理损耗量是指从现场仓库领出到完成合格产品的过程中，不可避免的材料合理损耗量。

3．机械台班消耗量

机械台班消耗量是以台班为单位进行计算，每台班为 8h。编制预算定额时，除了以统一的台班产量为基础进行计算，还应考虑在合理的施工组织设计条件下机械的停歇因素，增加一定的机械幅度差。

8.3.2　装配式建筑工程消耗量定额的作用

消耗量定额是确定单位分项工程或结构构件价格的基础，因此它体现了国家、建设单位和施工企业之间的一种经济关系，建设单位按消耗量定额计算招标标底，为拟建工程提供必要的资金供应。施工企业则在消耗量定额的范围内，通过建筑施工活动，保质、保量如期地完成工程任务。消耗量定额在工程建设中具有以下重要作用：

（1）消耗量定额是确定工程造价、编制标底及确定投标报价的基础；
（2）消耗量定额是编制工程计划、科学组织和管理施工的依据；
（3）消耗量定额是加强企业管理、提高企业竞争力的重要依据；
（4）消耗量定额是贯彻按劳分配原则的依据；
（5）消耗量定额是企业总结先进生产方法，进行经济核算的依据。

8.4　装配式建筑工程消耗量定额规定

8.4.1　装配式混凝土结构工程定额规定

1．装配式混凝土结构工程定额说明

装配式混凝土结构定额包括预制混凝土构件安装和后浇混凝土浇捣两节，共 51 个定额

项目。

1）预制混凝土构件安装

（1）构件安装不分构件外形尺寸、截面类型，以及是否带有保温，除另有规定者外，均按构件种类套用相应定额。

（2）构件安装定额已包括构件固定所需临时支撑的搭设及拆除，支撑（含支撑用预埋件）种类、数量及搭设方式综合考虑。

（3）柱、墙板、女儿墙等构件安装定额中，构件底部坐浆按砌筑砂浆铺筑考虑，遇设计采用灌浆料的，除灌浆材料单价换算及扣除干混砂浆罐式搅拌机台班外，每 $10m^3$ 构件安装定额另行增加人工 0.7 工日，其余不变。

（4）外挂墙板、女儿墙构件安装设计要求接缝处填充保温板时，相应保温板消耗量按设计要求增加计算，其余不变。

（5）墙板安装定额不分是否带有门窗洞口，均按相应定额执行。凸（飘）窗安装定额适用于单独预制的凸（飘）窗安装，依附于外墙板制作的凸（飘）窗，并入外墙板内计算，相应定额人工和机械用量乘以系数 1.2。

（6）外挂墙板安装定额已综合考虑了不同的连接方式，按构件不同类型及厚度套用相应定额。

（7）楼梯休息平台安装按平台板结构类型不同，分别套用整体楼板或叠合楼板相应定额，相应定额人工、机械，以及除预制混凝土楼板外的材料用量乘以系数 1.3。

（8）阳台板安装不分板式或梁式，均套用同一定额。空调板安装定额适用于单独预制的空调板安装，依附于阳台板制作的栏板、翻沿、空调板，并入阳台板内计算。非悬挑的阳台板安装，分别按梁、板安装有关规则计算并套用相应定额。

（9）女儿墙安装按构件净高以 0.6m 以内和 1.4m 以内分别编制，1.4m 以上时套用外墙板安装定额。压顶安装定额适用于单独预制的压顶安装，依附于女儿墙制作的压顶，并入女儿墙计算。

（10）套筒注浆不分部位、方向，按锚入套筒内的钢筋直径不同，以 $\phi18$ 以内及 $\phi18$ 以上分别编制。

（11）外墙嵌缝、打胶定额中注胶缝的断面按 20mm×15mm 编制，若设计断面与定额不同，密封胶用量按比例调整，其余不变。定额中的密封胶按硅酮耐候胶考虑，遇设计采用的种类与定额不同时，材料单价进行换算。

2）后浇混凝土浇捣

（1）后浇混凝土指装配整体式结构中，用于与预制混凝土构件连接形成整体构件的现场浇筑混凝土。

（2）墙板或柱等预制垂直构件之间设计采用现浇混凝土墙连接的，当连接墙的长度在 2m 以内时，套用后浇混凝土连接墙、柱定额；长度超过 2m 的，仍按《房屋建筑与装饰工程消耗量定额》（TY 01-31—2015）第五章"混凝土及钢筋混凝土工程"的相应项目及规定执行。

（3）叠合楼板或整体楼板之间设计采用现浇混凝土板带拼缝的，板带混凝土浇捣并入后浇混凝土叠合梁、板内计算。

（4）后浇混凝土钢筋制作、安装定额按钢筋品种、型号、规格结合连接方法及用途划分，相应定额内的钢筋型号及比例已综合考虑，各类钢筋的制作成型、绑扎、安装、接头、固定，以及与预制构件外露钢筋的绑扎、焊接等所用人工、材料、机械消耗已综合考虑在相应定额内。钢筋接头按《房屋建筑与装饰工程消耗量定额》（TY 01-31—2015）第五章"混凝土及钢筋混凝土工程"的相应项目及规定执行。

（5）后浇混凝土模板定额消耗量中已包含了伸出后浇混凝土与预制构件抱合部分模板的用量。

2．装配式混凝土结构工程工程量计算规则

1）预制混凝土构件安装

（1）构件安装工程量按成品构件设计图示尺寸的实体积以 m^3 计算，依附于构件制作的各类保温层、饰面层的体积并入相应构件安装中计算，不扣除构件内钢筋、预埋件、配管、套管、线盒及单个面积不大于 $0.3m^2$ 的孔洞、线箱等所占体积，构件外露钢筋体积亦不再增加。

（2）套筒注浆按设计数量以个计算。

（3）外墙嵌缝、打胶按构件外墙接缝的设计图示尺寸的长度以 m 计算。

2）后浇混凝土浇捣

（1）后浇混凝土浇捣工程量按设计图示尺寸以实体积计算，不扣除混凝土内钢筋、预埋件及单个面积不大于 $0.3m^2$ 的孔洞等所占体积。

（2）后浇混凝土钢筋工程量按设计图示钢筋的长度、数量乘以钢筋单位理论质量计算，其中：

① 钢筋接头的数量应按设计图示及规范要求计算；设计图示及规范要求未标明的，$\phi 10$ 以内的长钢筋按每 12m 计算一个钢筋接头，$\phi 10$ 以上的长钢筋按每 9m 计算一个钢筋接头。

② 钢筋接头的搭接长度应按设计图示及规范要求计算，如设计要求钢筋接头采用机械连接、电渣压焊及气压焊时，按数量计算，不再计算该处的钢筋搭接长度。

③ 钢筋工程量应包括双层及多层钢筋的"铁马"数量，不包括预制构件外露钢筋的数量。

（3）后浇混凝土模板工程量按后浇混凝土与模板接触面的面积以 m^2 计算，伸出后浇混凝土与预制构件抱合部分的模板面积不增加计算。不扣除后浇混凝土墙、板上单孔面积不大于 $0.3m^2$ 的孔洞，洞侧壁模板亦不增加；应扣除单孔面积不小于 $0.3m^2$ 的孔洞，孔洞侧壁模板面积并入相应的墙、板模板工程量内计算。

8.4.2　装配式钢结构工程定额规定

1．装配式钢结构工程定额说明

装配式钢结构工程定额包括预制钢构件安装和围护体系安装两节，共 65 个定额项目。

1）预制钢构件安装

（1）构件安装定额中预制钢构件以外购成品编制，不考虑施工损耗。

（2）预制钢结构构件安装，按构件种类及重量不同套用定额。

（3）定额已包括了施工企业按照质量验收规范要求，针对安装工作自检所发生的磁粉探伤、超声波探伤等常规检测费用。

（4）不锈钢螺栓球网架安装套用螺栓球节点网架安装定额，同时取消定额中油漆及稀释剂含量，人工消耗量乘以系数 0.95。

（5）钢支座定额适用于单独成品支座安装。

（6）厂（库）房钢结构的柱间支撑、屋面支撑、系杆、撑杆、隔撑、墙梁、钢天窗架等安装套用钢支撑（钢檩条）安装定额，钢走道安装套用钢平台安装定额。

（7）零星钢构件安装定额，适用于本章未列项目且单件质量在 25kg 以内的小型钢构件安装。住宅钢结构的零星钢构件安装套用厂（库）房钢结构的零星钢构件安装定额，并扣除定额中汽车式起重机消耗量。

（8）厂（库）房钢结构安装的垂直运输已包括在相应定额内，不另行计算。住宅钢结构安装定额内的汽车式起重机台班用量为钢构件现场转运消耗量，垂直运输按装配式钢结构工程定额第五章"措施项目"相应项目执行。

（9）组合钢板剪力墙安装套用住宅钢结构 3t 以内钢柱安装定额，相应定额人工、机械及除预制钢柱外的材料用量乘以系数 1.5。

（10）钢构件安装项目中已考虑现场拼装费用，但未考虑分块或整体吊装的钢网架、钢桁架地面平台拼装摊销，如发生套用现场拼装平台摊销定额项目。

2）围护体系安装

（1）钢楼层板混凝土浇捣所需收边板的用量，均已包括在相应定额的消耗量中，不另单独计算。

（2）墙面板包角、包边、窗台泛水等所需增加的用量，均已包括在相应定额的消耗量中，不另单独计算。

（3）硅酸钙板墙面板项目中双面隔墙定额墙体厚度按 180mm 考虑，其中镀锌钢龙骨用量按 15kg/m^2 编制，设计与定额不同时应进行调整换算。

（4）不锈钢天沟、彩钢板天沟展开宽度为 600mm，若实际展开宽度与定额不同，板材按比例调整，其他不变。

2. 装配式钢结构工程工程量计算规则

1）预制钢构件安装

（1）构件安装工程量按成品构件的设计图示尺寸以质量计算，不扣除单个面积不大于 0.3m^2 的孔洞质量，焊缝、铆钉、螺栓等不另增加质量。

（2）钢网架工程量不扣除孔眼的质量，焊缝、铆钉等不另增加质量。焊接空心球网架质量包括连接钢管杆件、连接球、支托和网架支座等零件的质量，螺栓球节点网架质量包括连接钢管杆件（含高强螺栓、销子、套筒、锥头或封板）螺栓球、支托和网架支座等零件的质量。

（3）依附在钢柱上的牛腿及悬臂梁的质量等并入钢柱的质量内，钢柱上的柱脚板、加劲板、柱顶板、隔板和肋板并入钢柱工程量内。

（4）钢管柱上的节点板、加强环、内衬板（管）、牛腿等并入钢管柱的质量内。

（5）钢平台的工程量包括钢平台的柱、梁、板、斜撑等的质量，依附于钢平台上的钢扶梯及平台栏杆，并入钢平台工程量内。

（6）钢楼梯的工程量包括楼梯平台、楼梯梁、楼梯踏步等的质量，钢楼梯上的扶手、栏杆并入钢楼梯工程量内。

（7）钢构件现场拼装平台摊销工程量按实施拼装构件的工程量计算。

2）围护体系安装

（1）钢楼层板、屋面板按设计图示尺寸的铺设面积计算，不扣除单个面积不大于 $0.3m^2$ 柱、垛及孔洞所占面积。

（2）硅酸钙板墙面板按设计图示尺寸的墙体面积以 m^2 计算，不扣除单个面积不大于 $0.3m^2$ 孔洞所占面积。

（3）保温岩棉铺设、EPS 混凝土浇灌按设计图示尺寸的铺设或浇灌体积以 m^3 计算，不扣除单个面积不大于 $0.3m^2$ 孔洞所占体积。

（4）硅酸钙板包柱、包梁，以及蒸压砂加气保温块贴面工程量按钢构件设计断面尺寸，以 m^2 计算。

（5）钢板天沟按设计图示尺寸以质量计算，依附天沟的型钢并入天沟的质量内计算；不锈钢天沟、彩钢板天沟按设计图示尺寸以长度计算。

8.4.3　装配式木结构工程定额规定

1. 装配式木结构工程定额说明

装配式木结构工程定额包括预制木构件安装和围护体系安装两节，共 31 个定额项目。

1）预制木构件安装

（1）地梁板安装定额已包括底部防水卷材的内容，按墙体厚度不同套用相应定额。

（2）木构件安装定额已包括构件固定所需临时支撑的搭设及拆除，支撑种类、数量及搭设方式综合考虑。

（3）柱、梁安装定额不分截面形式，按材质和截面面积不同套用相应定额。

（4）墙体木骨架安装按墙体厚度不同套用相应定额，定额中已包括底梁板、顶梁板和墙体龙骨安装等内容。墙体龙骨间距按 400mm 编制，设计与定额不同时应进行调整。

（5）楼板格栅安装按格栅跨度不同套用相应定额，其中跨度 5m 以内按木格栅进行编制，5m 以上按桁架格栅进行编制。定额中楼面设计活荷载标准值为 $2.0kN/m^2$，如遇卫生间、露台等部位设计活荷载超过 $2.0kN/m^2$，定额乘以系数。

（6）平撑、剪刀撑及封头板的用量已包括在楼板格栅定额中，不另单独计算。地面格栅和平屋面格栅套用楼板格栅相应定额。

（7）桁架安装不分直角形、人字形等形式，均套用桁架定额。

（8）屋面板安装根据屋面形式不同，按两坡以内和两坡以上分别套用相应定额。

2）围护体系安装

（1）石膏板铺设定额按单层安装编制，设计为双层安装时，其工程量乘以 2。

（2）呼吸纸铺设定额中，对施工过程中产生的搭接、拼缝、压边等已综合考虑，不另单独计算。

2. 装配式木结构工程工程量计算规则

1）预制木构件安装

（1）地梁板安装按设计图示尺寸以长度计算。

（2）木桩、木梁按设计图示尺寸以体积计算。

（3）墙体木骨架及墙面板安装按设计图示尺寸以面积计算，不扣除不大于 $0.3m^2$ 的孔洞所占面积，由此产生的孔洞加固板也不另增加。其中，墙体木骨架安装应扣除结构柱所占的面积。

（4）楼板格栅及楼面板安装按设计图示尺寸以面积计算，不扣除不大于 $0.3m^2$ 的洞口所占面积，由此产生的洞口加固板也不另增加。其中，楼板格栅安装应扣除结构梁所占的面积。

（5）格栅挂件按设计图示数量以套计算。

（6）木楼梯安装按设计图示尺寸以水平投影面积计算，不扣除宽度不大于 500mm 的楼梯井，伸入墙内部分不计算。

（7）屋面橡条和桁架安装按设计图示尺寸以实体积计算，不扣除切肢、切角部分占体积。屋面板安装按设计图示尺寸以展开面积计算。

（8）封檐板安装按设计图示尺寸以檐口外围长度计算。

2）围护体系安装

（1）石膏板、呼吸纸铺设按设计图示尺寸以面积计算，不扣除不大于 $0.3m^2$ 的孔洞所占面积。

（2）岩棉铺设安装定额按设计图示尺寸以体积计算。

 本 章 小 结

　　本章主要介绍装配式建筑工程造价特点及方法，装配式建筑建筑安装工程费用构成，装配式混凝土结构工程、装配式钢结构工程、装配式木结构工程定额说明和工程量计算规则。装配式建筑工程造价的方法主要有由分部分项工程单位估计法确定工程造价、采用实物金额法确定工程造价及采用市场价确定工程造价三种。住房和城乡建设部编制的《装配式建筑工程消耗量定额》（TY 01-01（01）—2016），自2017 年 3 月 1 日起执行，与《房屋建筑和装饰工程消耗量定额》（TY 01-31—2015）配套使用。

 习　　题

1. 装配式建筑有哪些特性？
2. 装配式建筑工程造价方法的确定有哪些？各适用于什么情况？

3．装配式建筑建筑安装工程费用由哪些费用构成？

4．简述装配式建筑工程消耗量定额的构成。

5．预制构件安装工程量如何计算？

第9章　BIM 技术在装配式建筑中的应用

学习目标

通过本章的学习，学生应了解 BIM 基本概念；熟悉 BIM 在装配式混凝土建筑中的优势和应用点；熟悉 BIM 在装配式建筑设计过程中的策略；了解基于 BIM 的三维协同设计方法；了解基于 BIM 的构件制作方法；掌握 BIM 在预制构件制造阶段的应用；了解 BIM 在装配阶段的应用；了解 BIM 在运维阶段的应用。

本章重点

BIM 的基本概念；BIM 建筑工业化的基本流程；与传统模式相比，BIM 在装配式建筑设计、构件制造和运维过程中的应用。

9.1 概述

9.1.1 BIM 的定义

《建筑信息模型应用统一标准》（GB/T 51212—2016）将 BIM 做如下定义：在建设工程及设施安全生命期内，对其物理和功能特性进行数字化表达，并依此设计、施工、运营的过程和结果的总称，简称模型。

国际 BIM 联盟对于建筑信息化模型的解释：生成建筑信息并将其应用于设计、施工及运营等生命期阶段的商业过程。

BIM 技术是一种应用于工程设计、建造、管理的数据化工具，通过对建筑的数据化、信息化模型整合，在项目策划、运行和维护的全生命周期过程中进行共享和传递，使工程技术人员对各种建筑信息作出正确理解和高效应对，为设计团队及包括建筑、运营单位在内的各方建设主体提供协同工作的基础，在提高生产效率、节约成本和缩短工期方面发挥重要作用。

9.1.2　装配式混凝土建筑 BIM 技术

2016 年 2 月 22 日国务院出台《关于大力发展装配式建筑的指导意见》，要求因地制宜发展装配式混凝土结构、钢结构和现代木结构等装配式建筑，力争用 10 年左右的时间，使装配式建筑占新建建筑面积的比例达到 30%；现今，装配式的研究和应用达到了一个全新的高度，各地政府争相讨论如何发展装配式建筑，并如何实现建筑的工业化生产制作、管理和运行维护。

为了实现建筑的工业化并体现在全生命周期的理念，如今可以利用 BIM 信息技术为平台，将设计施工环节一体化，使得设计环节成为关键，并将 BIM 技术融入制造环节及后期运维环节，加深 BIM 对构件全生命周期管理的理念。基于 BIM 技术可视化优势，将设计构配件标准、建造阶段的配套技术、建造规范及施工方案等前置进设计方案中，从而设计方案作为构配件生产标准及施工装配的指导文件。此外，BIM 还在于可以显著提高 PC 构件的设计生产效率。在完成构件模型创建后，设计师们只需做一次更改，之后的模型信息就会随之改变，省去了大量重设参数与重复计算的过程。同时，它的协同作用可以快速有效地传递数据，且数据都是在同一模型中呈现的，使各部门的沟通更直接。构件制作方可以直接从建筑设计模型中提取需要的部分并且进行深化，再通过协同交给结构设计师完成结构的设计与校核，还可由构件厂直接生成造价分析。由于 BIM 系统中三维与二维结合，计算完后的构件可以直接生成二维的施工图交付车间生产。如此一来，就将模型设计、强度计算，造价分析、车间生产等几个分离的步骤结合到了一起，减小信息传输的次数，提高了效率。

9.1.3　装配式混凝土建筑相关 BIM 软件

装配式混凝土建筑全生命周期分为设计生产、装配和施工三个阶段，目前 BIM 软件的分类主要参考美国总承包商协会的资料。按功能划分，如表 9.1 所示。

表 9.1　BIM 常用工具

功能	常用工具
建筑	Affinty，Allpian，Revit Architecture，Bentley BIM，ArchiCAD SketchUP
结构	Revit Structure，Bentley BIM，ArchiCAD，Tekla
场地	Autodesk Civil 3D，Bentley Inroads and Geopak
4D 计划	NavisWorks，Synchro，Vico，Primavera，MS Project，Bentley Navigator
成本计算	Autodesk QTO，Innovaya，Vico，Timberline，广联达，鲁班
结构分析	Autodesk Revit Structure，CypeCAD，Graytec Advance Design，Tekla Structures
能耗分析	Autodesk Green Building Studio，IES，Hevacomp，TAS
环境分析	Autodesk Ecotect，Autodesk Vasari
管理	Bentley WaterGem
运维	ArchiFM，Allplan Facility Management，Archibus

9.1.4 BIM 建筑工业化基本流程

BIM 建筑工业化基本流程如图 9.1 所示。

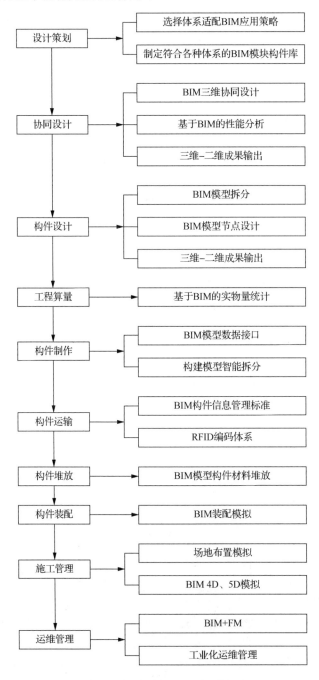

图 9.1 BIM 建筑工业化基本流程

建筑项目工业化，从设计策划阶段开始，建筑模块化装配入手，选择体系适配的 BIM

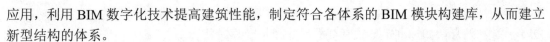

应用，利用 BIM 数字化技术提高建筑性能，制定符合各体系的 BIM 模块构建库，从而建立新型结构的体系。

此外，通过 BIM 协同手段协调各专业间的设计。之后基于生产效益最大化原则，对方案进一步展开详细设计。详细设计在基于 BIM 可视化的基础上，对局部构件的拼装、节点处理上进行预施工，模拟构件防水、模块干涉、管线预埋等的现场情况，最终确定预制安装图纸。

9.2　BIM 在装配式混凝土建筑设计阶段中的应用

9.2.1　设计策划

1．体系选型

基于 BIM 的项目体系选型大致可分为下列几步：

（1）在系统形成一个三维模型，前期各参与方对该三维模型进行全面模拟，业主在工程建设前就能够直观地看到拟建项目所展示的建筑总体布局、选址周边环境、外观展示等虚拟仿真。

（2）BIM 在三维立体的建筑模型基础上再增加时间形成四维（4D），再增加造价功能实现五维（5D）功能，让业主能够相对准确地预见到施工的成本与建设进度的函数关系，并预测项目在不同环境、不同因素作用下的投资、质量、进度等变化动态。

（3）业主可对不同方案进行参考，并及时提出修改意见，最终选定一个最满意的方案。

2．BIM 应用策略

BIM 在设计阶段的应用策略通常由模数化设计、三维协同设计、构件设计组成。对于常见的构件体系，可采用具体的 BIM 应用策略来辅助实施。常见体系包括预制装配式剪力墙结构、剪力墙结构、预制装配式框架结构与预配式框架剪力墙结构。对于不同的预制装配结构体系，可采用模数化设计、模块库应用、拆分、节点设计等 BIM 应用。

1）BIM 模型策划

在 BIM 平台中可以设置模数，装配式混凝土建筑以数列 $M=100$ 为基本模数值，向上为扩大模数 $2M$、$3M$ 数列，向下为分模数（$M/2$、$M/5$、$M/10$）数列，级差均匀且数字间协调性能比较好。

2）制定符合各体系的 BIM 构件与模块库

（1）BIM 构件。BIM 构件是具有特定属性的放置在建筑特定位置的元素或组合。特定的构件就相当于"预制模块"，这种思想与工业化制造的过程是不谋而合的，具有相同材料、结构、功能和加工工艺的单元可以进行构件归并并大规模生产。

BIM 模型由很多构件构成，每个构件都包括基本属性和拓展属性两个部分。基本属性是对模型固有的特征及属性的描述，如装配式构件的唯一编码、材质、体积等。拓展属性可以用于工程管理、运维等工作中，如装配式构件的使用寿命、价格等。由于模型构件中的不少参数是可计算的，因此可以基于模型信息进行各种分析和计算。BIM 的预制构件包含了初始对象的识别信息，如墙、梁、板、柱等，涵盖了预制构件的各种类。不同的构件具有不同的初始参数和信息，如标准矩形梁有截面尺寸和长度等信息。

每个预制构件的尺寸、构造都包含不同的参数信息，参数化概念体现了构件通过可以量化的过程来实现其结果属性。广义参数化，就是指一个人造组合体中，内部个体之间的及内部与外部之间的，可以用量化的参数描述的关系，并主动地明晰这种关系，使之成为设计秩序的依据。BIM 通过参数化驱动实现构件的模数化，与后期的生产制造、运输和装配挂钩。例如，可以设置基本模数为 100mm，规定 1500mm 以上的尺寸要用扩大模数，扩大模数可选 3M、6M、15M 等，不仅可使建筑各部分的尺寸互相配合，而且把一些接近的尺寸统一起来，这么做可以减少构配件的规格，便于工业化生产。

BIM 构件具有实际的构造且有模型深度变化，用以对应不同设计阶段的模型。例如，方案阶段墙体主要是几何体，初步设计阶段墙体开始有构造和材质，施工图阶段墙体具有保温材料、防水材料类型、空气夹层等。可以通过事先录入常用的不同深度的预制构件模块到 BIM 平台中来提高设计速度。

除了标准的构件之外，当然也可以自定义较特殊的构件。通过多个项目的积累，可以使得构件库越来越丰富，如图 9.2 所示。

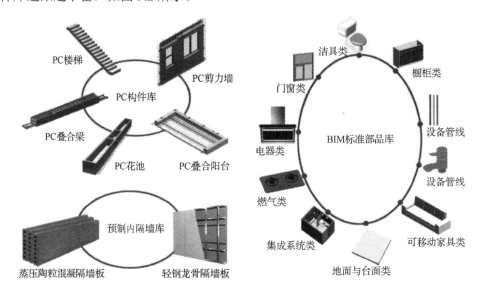

图 9.2　BIM 标准化构件库

（2）BIM 模块。BIM 模块是构件集成的产物，属于成套的技术。通过 BIM 将工程施工中通常遇到的各种专门化建造技术，如防水技术、保温隔热技术等进行集成，把技术成套化，可以进一步提高装配式建筑质量和生产效率，成本进一步降低，也是装配式建筑发展的优势所在。

可以通过项目积累一批标准化功能空间模块，如走道、楼梯间、卫生间、电梯井等，BIM 的模块可以根据设计需求做出调整，如可以实现多重逻辑联系的调整。有时还可以将一些建筑设计规则赋予到 BIM 参数运行中，让系统给出解决方案。

3）各阶段模型深度要求

各阶段设计内容不同，其相应的构件深度也不同。表 9.2 列出了常规项目的方案设计、初步设计、施工图设计等各阶段设计内容和构件深度。

表9.2　各专业、各阶段模型深度要求

阶段	专业	设计内容	构件深度
方案设计阶段	建筑	1. 场地：场地边界（用地红线、高程、正北）、地形表面、建筑地坪、场地道路等； 2. 建筑功能区域划分：主体建筑、停车场、广场、绿地等； 3. 建筑空间划分：主要房间、出入口、垂直交通运输设施等； 4. 建筑主体外观形状、位置等	L1
	结构	1. 混凝土结构主要构件布置：柱、梁、剪力墙等； 2. 其他结构主要构件布置	L1
初步设计阶段	建筑	1. 主要建筑构造部件的基本尺寸、位置：非承重墙、门窗（幕墙）、楼梯、电梯、自动扶梯、阳台、雨篷、台阶等； 2. 主要建筑设备的大概尺寸（近似形状）、位置：卫生器具等； 3. 主要建筑装饰构件的大概尺寸（近似形状）、位置	L2
	结构	1. 基础的基本尺寸、位置：桩基础、筏型基础、独立基础等； 2. 混凝土结构主要构件的基本尺寸、位置：柱、梁、剪力墙、楼板等； 3. 空间结构主要构件的基本尺寸、位置：桁架、网架等； 4. 主要结构洞大概尺寸、位置	L2
施工图设计阶段	建筑	1. 主要建筑构造部件深化尺寸、定位信息：非承重墙、门窗（幕墙）、楼梯、电梯、自动扶梯、阳台、雨篷、台阶等； 2. 其他建筑构造部件的基本尺寸、位置：夹层、天窗、地沟、坡道等； 3. 主要建筑设备和固定家具的基本尺寸、位置：卫生器具等； 4. 大型设备吊装孔及施工预留孔洞等的基本尺寸、位置； 5. 主要建筑装饰构件的大概尺寸（近似形状）、位置； 6. 细化建筑经济技术指标的基础数据	L3
	结构	1. 基础深化尺寸、定位信息：桩基础、筏型基础、独立基础等； 2. 混凝土结构主要构件深化尺寸、定位信息：柱、梁、剪力墙、楼板等； 3. 空间结构主要构件深化尺寸、定位信息：桁架、网架、网壳等	L3

9.2.2　协同设计

1. BIM 三维协同设计

三维协同设计准确地说应该是三维模型设计的协同效应。三维模型为设计的可视化、精准性提供了平台，而协同效应则带来高效率、高质量。三维协同设计的出现为工程设计尤其是数字化工厂设计带来了新的设计方法和手段，对实现建筑的智能化也提供了基础。

现有的实施方法是依托 BIM 技术和 BIM 软件搭建三维协同设计平台，实现三维协同设计的功能。

实践证明，在三维协同的设计平台下，可以有效降低建筑造价，提高设计效率。

使用 BIM 作为设计工具，合作项目团队可以实时更新三维模型，讨论设计迭代，整合建筑、结构、设备各专业模型，并消除冲突等早期设计阶段可能遇到的问题。每个专业的设计人员可以链接所需的模型到他们自己的模型中去，并且可以利用链接的模型作为他们自己工作的基本模型。多专业协同设计使错、漏、缺的现象减到最少，提高了设计质量和设计效率。

2．BIM 性能分析

性能化分析通常需要建模和手工输入相关数据才能开展分析计算，而操作和使用这些软件不仅需要专业技术人员经过培训才能完成，同时由于设计方案的调整，原本就耗时耗力的数据录入工作需要经常性的重复录入或者校核，导致包括建筑能量分析在内的建筑物理性能化分析通常被安排在设计的最终阶段，成为一种后验证工作，这使建筑设计与性能化分析计算之间严重脱节。

BIM 设计模型包含了大量的设计信息（几何信息、材料性能、构件属性等），在导入专业的性能化分析软件时，可以减少搭建模型和数据输入的工作量，减少数据误差。BIM 的性能化分析分为绿色节能分析、舒适度分析、安全性分析和其他专项分析。

1）绿色节能分析

（1）碳排放分析。对项目的温室气体排放、材料融入能量、年维护能量等进行分析评估，并给出绿色建议。

（2）节能分析。以计算机模拟为主要手段，从建筑能耗、微气候、气流、空气品质、声学、光学等角度，对新建建筑设计方案进行全面的节能评价。

2）舒适度分析

（1）日照采光分析。针对自然采光和人工照明环境进行数字化分析和评估，给出包括采光系数、照度和亮度在内的一系列参考指数，为建筑设计、室内设计和灯光设计提供依据。

（2）通风分析。通过对场地周围的自然风环境和内部通风能力进行分析，判断是否符合规范，并提出解决方案和优化建议。

（3）声场分析。实施场地周边的声场和重点空间的乐声效果分析，对建筑的局部造型、室内构造、材料、景观等提出优化建议，确保达到预期效果。

3）安全性分析

（1）结构计算。基于 BIM 的结构计算主要有弹性分析、塑性内力重分布分析、弹塑性分析、塑性极限分析等。目前，大多数 BIM 平台软件已经支持将模型导出为通用格式 IFC，或用专用数据接口导入常用的结构计算软件中进行分析计算。通常这种接口是双向的，分析优化设计的结果将再次导入 BIM 平台软件中，进行循环优化设计。主流的分析工具软件，如 PKPM、MIDAS、SAP2000、ETABS 等十几种软件支持 BIM 数据导入。

（2）消防分析。通过三维模型对消防性能化设计进行可视化分析和统计，确保符合相关规范，提出优化建议。

（3）人流分析。基于 BIM 模型和相关专业工具软件，模拟安全疏散过程中典型的人群心理和行为，实现人员疏散的速度与安全性的分析。计算人员分布、疏散速度、流量出口平衡性等关键参数，对人员疏散过程进行动态量化分析，并提出报告和优化建议。

3．三维到二维成果输出

BIM 数字化建筑构件，所有信息都以参数的形式保存在 BIM 数据库中，数据库中的数据通过图形软件生成三维模型。三维模型建立后可以生成平、立、剖面图纸，在修改图纸时，设计人员只要修改模型中的要素，平、立、剖面图会随着模型的改动而改变。

由于 BIM 构件之间的相互关联在数据库的参数中都会体现，因此参数化修改引擎提供

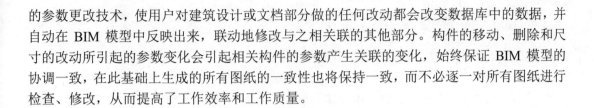

的参数更改技术,使用户对建筑设计或文档部分做的任何改动都会改变数据库中的数据,并自动在 BIM 模型中反映出来,联动地修改与之相关联的其他部分。构件的移动、删除和尺寸的改动所引起的参数变化会引起相关构件的参数产生关联的变化,始终保证 BIM 模型的协调一致,在此基础上生成的所有图纸的一致性也将保持一致,而不必逐一对所有图纸进行检查、修改,从而提高了工作效率和工作质量。

9.2.3　构件设计

构件设计阶段是装配式建筑实现过程中的重要环节,起到承上启下的作用。通过构件设计可以将建筑各个要素进一步细化成单个构件。通过 BIM 平台可以对模型进行碰撞试验,检测不同构件之间,线盒、线管、设备和钢筋之间是否存在相互干涉和碰撞,并根据检测结果对各个要素进行调整,进一步完善各要素之间的关系,直到完成整个构件的设计过程。装配式建筑的构件设计主要包括模型拆分和 BIM 模型节点设计两项工作内容。

1. BIM 模型拆分

传统方式大多是在施工图完成以后再由构件厂进行构件拆分。理想的流程是在前期策划阶段就专业介入,确定好装配式建筑的技术路线和产业化目标,在方案设计阶段根据既定目标进行方案创作,这样才能避免方案性的不合理导致后期技术经济性的不合理,避免由前后脱节造成的设计失误。BIM 在装配式建筑的拆分设计中有天然的优势,为装配式建筑提供了强有力的载体。

基于 BIM 的预制构件拆分设计应从构件种类、模具数量和标准结构单元设计三个方面进行考虑。

1) 构件种类

在拆分时应使用尽可能少的预制构件种类,同时考虑构件的加工、运输和经济性等问题,这样既可以降低构件制造难度,又易于实现大批量生产及控制成本的目标。如果在策划和方案阶段即采用 BIM 模数化理念进行设计,模块之间将有很高的通用性,为构件种类的有效控制提供有利前提。

2) 模具数量

在做拆分设计时应该考虑模具数量问题,模具数量应尽可能少,以提升其使用的周转率,确保预制构件生产过程的高效性。通过 BIM 的应用可以方便地统计构件数量,还可以在拆分时充分考虑模具的使用率。

3) 标准结构单元设计

BIM 标准结构单元设计是在进行构件拆分的过程中确保 PC 构件标准化的重要手段。例如,标准的 PC 构件剪力墙按照功能属性可分为三段:约束段、洞口段和可变段。通过对约束段的标准化设计,形成几种通用的标准化钢筋笼,以实现 PC 构件中承重部分的标准化配筋,实现钢筋笼的机械化自动生产。在此基础上,通过约束段、洞口段及可变段的多样化组合来实现 PC 构件剪力墙的通用性与多样性。

2. BIM节点设计

装配式混凝土结构是实现建筑工业化的一种重要途径，其主要的结构体系有装配式框架结构、装配式板墙结构、混合结构等。在以前的装配式混凝土结构的工程中，由于结构的整体性较差和抗震性能较低，建筑在地震作用下时常出现构件损坏、节点破坏，以致建筑倒塌。在装配式混凝土结构的结构体系当中，预制构件间的节点对于结构整体性、荷载传递与抗震消能起着关键的作用。节点破坏往往造成整体性破坏，所以抗震设计通常是采用强节点弱构件的原则。

通过BIM可以实现创建、积累标准节点，达到高效的节点设计。通过对节点的调整，可以快速地做出新的适应性好的连接形式，连接形式会随着截面大小和受力变化而自动调整。若在一个工程中存在数量较多的相同节点，此时用户可以自定义节点。BIM自定义节点的修改非常方便，对于同一个自定义节点，只需单击修改自定义的节点，所有相同的节点就会跟着改变，避免了漏改现象的发生。

节点创建完成以后，必须对模型进行碰撞校核：一是检查是否有遗漏未做的节点；二是检查构件及零部件是否有碰撞重合现象；三是检查设计是否有不合理现象，为下一步出图、出表的准确性及现场安装奠定基础。

3. 三维到二维成果输出

装配式建筑设计是通过预制构件加工图来表达预制构件的设计，其图纸还是传统的二维表达形式。BIM模型建成后，可以自动生成装配式建筑的建筑平面切分图、构件详图、配筋图、剖面图等图纸。

（1）BIM模型集成加工图纸，有效加强与预制工厂协同。

通过BIM模型对建筑构件的信息化表达，构件加工图在BIM模型上直接完成和生成，不仅能清楚地传达传统图纸的二维关系，而且对于复杂的空间剖面关系也可以清楚表达。同时，还能够将离散的二维图纸信息集中到各个模型当中，这样的模型能够更加紧密地实现与预制工厂的协同和对接。

（2）变更联动，提升出图效率。

大多数BIM平台支持生成结构施工图纸，可以根据需要形成平、立、剖面图。据统计，用二维CAD画一个预制墙板配筋图需要3天，而在BIM中，节点参数化后，同类型的墙板即可通过修改钢筋的直径、间距、钢筋等级等参数来重复利用，然后生成图纸，整体时间比传统方法节省30%以上，并且形成节点构件库，节点参数化便可随意调取，更加提高出图效率。

由于BIM构件间关联性很强，模型修改后图纸会自动更新，一方面减少了图纸修改工作量，另一方面从根本上避免了一些低级错误，例如，平面图改动后却忘记在剖面图中做相应改动等类似问题。

（3）精确统计钢筋下料，提升成本把控能力。

BIM可以实现自动统计钢筋用量的明细，可以直接进行钢筋量计算，方便快捷。钢筋三维模型充分考虑钢筋的锚固和弯折。在施工前，可以提供较为精确的混凝土用量及钢筋数量，其中也包含了预制构件中使用的钢筋长度、质量及直径，以及弯折位置和相关尺寸等重要信息，大大提高了工厂化生产的效率。

BIM 在装配式混凝土建筑制造阶段的应用

9.3.1　BIM 数据传递

在预制装配式建筑建造过程中，各专业相互交错，信息交流非常频繁，很容易发生沟通不良、信息冲突等问题。特别是由于各项目参与单位缺乏协同沟通，会导致资源的浪费、成本的提高，这些问题已经影响了预制装配式建筑的发展与应用。如何突破建筑信息传递的技术瓶颈、提高预制建筑效益是我国发展住宅产业化急需解决的问题。而 BIM 作为一种创新的技术与生产方式，将引起建筑业传统生产管理方式的巨大变革。

BIM 工程数据具有唯一性的特点，可解决分布式、异构工程数据之间的一致性和全局共享问题，支持建设项目全生命周期中动态的工程信息创建、管理和共享。完善的 BIM 能够连接建筑工程项目全生命周期不同阶段的数据过程和资源，是对工程对象的完整描述，可被建设项目各参与方普遍使用。

装配式混凝土建筑工程从设计出图到工厂制造，需要一套完善的 BIM 数据传递方式。BIM 可以支持建筑生命周期的信息管理，使信息能够得到有效的组织和追踪，保证信息从一阶段传递到另一阶段不发生"信息流失"，减少信息歧义和不一致。要实现这一目标，就要建立一个面向建筑生命周期的 BIM 数据集成平台，以及对应的 BIM 数据的保存、追踪和扩充机制，对项目各阶段相关的工程信息进行有机集成。

BIM 的支撑是数据交换标准。国际协同联盟推出的 IFC（industry foundation classes）为 BIM 的实现提供了建筑产品数据表达与交换的标准。IFC 是当前主导的 BIM 构件技术标准，BIM 的建立需要应用 IFC 的数据描述规范数据访问及数据转换技术。建立基于 IFC 标准的 BIM 体系结构模型对象定义及对象间的关联机制，解决分布式、异构工程数据的一致性和全局共享问题。

IFC 模型可以划分为四个功能层次，即资源层、核心层、交互层和领域层。每个层次都包含一些信息描述模块，并且模块间遵守"重力原则"。每个层次只能引用同层和下层的信息资源，而不能引用上层资源。这样上层资源变动时，下层资源不受影响，保证信息描述的稳定性。

通过 IFC 文件解析器可进行 IFC 文件的数据读写，与兼容 IFC 标准的应用软件进行数据交互，实现建筑工业化构件信息的导入与导出。对于不支持 IFC 标准的应用软件，可通过数据转换接口实现信息交换和共享。最终实现 BIM 到预制构件制造的数据传递。

9.3.2　应用 BIM 智能生产、发货、运输、堆场

预制件生产厂的主控计算机与前端 BIM 连接，及时获取模型信息并识别设计变更，也可以直接通过 IFC 界面从其他计算机辅助设计系统引入建筑模型，采用可视化手段及虚拟界面的方式，将工作任务和流程视图化，实现透明信息流。将建筑工程、作业调度、流程规划及构件生产等多个领域进行智能整合，对预制构件的生产、发货、运输、现场堆放进行有效管理，从设计开始直到施工工地全程视图化追踪预制构件，提升设计和项目实现过程中的质

量与生产效率。

1. 生产

在制作过程中，采用条形码、二维码或者无线射频技术（radio frequency identification，RFID）等方式，对预制构件进行标识，同时将预制构件信息（包括构件几何信息、在建筑物中的空间信息、装配流程信息等）导入数据库，并连接主控计算机，形成预制构件信息数据库。每一个生产的预制构件都可以在数据库中找到唯一对应的信息。借助信息过滤标准，项目参与者可以快速找到所需信息，可以对所有的内容进行重组与分类，依照标准的多层分组方式可实现绝大多数类型组件的分类并获取清单。

采用预制构件信息数据库中的构件尺寸及开洞信息，将信息进行实时转化，并通过准确定位，自动将生产线上的墙板构件进行切制、开洞。特别是对于开洞较多、位置复杂的构架，大大降低了人力成本，并且提高了构件的质量。

2. 发货

预制构件在工厂生产完毕后，根据预制构件信息数据库中预制构件的装配流程信息分配待发货部件及其发货时间，保证发货顺序与施工现场的装配顺序相吻合。

3. 运输

在预制构件从工厂到施工现场的运输过程中，通过运输工具的最优化分配及运输信息实时追踪，保证构件运输过程的稳定、高效。进行预制构件装载时，根据预制构件信息进行判断，并采用一定保护手段确保预制构件的完整性。

4. 现场堆放

预制构件运抵施工现场后，基于预制构件信息数据库中预存的堆放构件设施信息、堆放标准及装配顺序，自动设定堆放序列并据此进行货物堆放自动处理。在卸货与堆放的过程中，对必须重叠的预制构件进行标识，并赋予包含一定放大系数的堆放参数，以避免预制构件的相互碰撞或破坏。采用可视化手段三维显示堆放视图，通过获得的堆放清单及三维堆放效果图直观查看堆放效果，并轻松完成预制构件的修正或转移。

9.4 BIM 在装配式混凝土建筑装配阶段的应用

9.4.1 BIM 辅助施工组织策划

1. 4D 施工进度模拟

建筑工程施工是个复杂的过程，尤其是预制混凝土建筑施工项目，在施工过程中涉及参与方众多，穿插预制工序也很复杂。直观的 BIM 4D 施工进度模拟能使各参与方看懂、了解彼此共组计划，把传统的二维平面图转换为三维的建造模拟过程。BIM 模型构件关联计划、时间，分别用不同颜色表示"已建""在建""延误"等，形象地表现预制混凝土项目在实施过程中的动态拼装状况，实现施工的经济性、安全性、合理性。在开始施工前，必须制订周密的施工组织计划，使得各方管理人员能够清楚看到施工现场的提前、滞后、完工等情况，从而帮助管理人员合理调配装配工人及后续预制构件到场类型及数量。

2．预制构件运输模拟

BIM 信息技术可以基于预制构件的实际生产信息及施工现场环境模拟装配工序，提高项目组织计划能力。基于 BIM 的施工组织设计，可以动态模拟现场装配的计划节点及此节点所需预制构件的数量。预制工厂则基于 BIM 数据估算出现场预制件使用量，组织生产及开展调度运输。

预制构件需要利用车辆或船只运送，车体或船舱的空间合理布局方案则成为影响运输成本的重点。BIM 技术可以基于三维空间布置将相关的预制件最大限度地摆放入对应的运输空间内，并用模拟手段保证运输的安全性，协助项目降低运输成本，减少构件破损率。

3．预制场地环境布置

基于 BIM 技术的施工场地及周边环境模拟：预制项目在运送构件或施工大型机械设备时需要多种大型车辆，因此车辆的动线设计、施工现场的车辆及预制构件临时堆放点将会是重要考量因素。同时，施工场地布置由于随施工进度推进呈动态变化，但传统的场地布置方法并没有紧密结合施工现场动态变化的需要，尤其是对施工过程中可能产生的预制构件堆放点、施工塔吊、机械设备等安全冲突问题考虑欠缺。研究得出，基于 BIM 及理念，运用 BIM 工具对施工场地布置方案中难以量化的潜在空间冲突进行量化分析。同时，结合现有预制工法的其他主要指标，构建更完善的施工场地布置方案评估的指标体系，进一步运用灰色关联度分析，对优化后的指标体系中的不同阶段、不同的布置方案进行分别评价，最后用场地布置模拟说明施工场地动态布置总体方案。

9.4.2　预制构件虚拟装配建造

随着项目复杂度的增加，预制构件的种类增多，从二维图纸上很难理解预制件造型及内部连接件等，而预制混凝土建筑的组装精度直接影响建筑物的结构及装修质量，所以在组装预制构件时，必须充分论证。使用 BIM 技术，可以在实际拼装之前模拟复杂构件的虚拟造型，随意观察甚至进行剖切、分解等操作，让现场安装人员可以非常清晰地知道其构成，降低对二维图纸的理解错误，确保现场拼装的质量与速度。

在施工方案及组装作业顺序等资料的基础上，实施基于 BIM 三维精确定位技术的预制构件拼装模拟，论证装配的可行性是提高建筑质量的一种高效数字化手段。

运用 BIM，实现预制构件节点与装配组织方案的结合，能够使预制节点拼装、劳动力部署、机械设备布置等各项工作的安排变得更为科学、高效和标准。

9.4.3 BIM 辅助造价管理

造价是工程项目的核心，对建筑行业来说，对造价的控制主要体现在工程造价管理上。工程造价管理信息化是工程造价管理活动的重要技术手段，也是发展的主要方向。

在造价全过程管理中，运用信息技术能全面提升建筑业管理水平和核心竞争力，提高工作效率，实现预制项目的利润最大化。BIM 技术通过三维预制构件信息模型数据库，服务于建造的全过程。

1. 预制建筑与 BIM 工程量

在预制项目的成本管理中，工程量是不可缺少的基础，只有工程量做到准确才能对项目成本进行控制。通过 BIM 技术建立的三维模型数据库，在整个工程量统计工作中，企业无须进行抄图、绘图等重复工作，从而降低工作强度、提高工作效率。此外，通过模型统计的工程量，不会因为预制构件结构的形状或者管道的复杂而出现计算偏差。

2. 预制建筑与 BIM 5D 管理

预制混凝土建筑项目中利用 BIM 数据库的创建通过三维预制构件与施工计划、构件价格等因素相关联，建立 5D 关联数据库。利用数据库可以准确快速地计算预制构件工程量，提升施工预算的精度与效率。由于 BIM 数据库的数据精度达到构件级，可以快速提供支撑项目各条线管理所需的数据信息，有效提升施工管理效率。同时，BIM 数据库可以实现任意一点上工程基础信息的快速获取，通过合同、计划与实际施工的消耗量、分项单价、分项合价等数据的多项对比，有效了解项目阶段运营盈亏、消耗量有无超标、进货分包单价有无失控等问题，有效管控项目的投资风险。

9.4.4 BIM 辅助施工质量监控

BIM 标准化模型为技术标准的建立提供数据平台，通过 BIM 软件动态模拟施工技术流程和标准化预制工艺流程的建立，通过精确计算确定，保证预制工法技术在实施过程中细节的可靠性，避免实际生产或拼装做法的不一致，减少不可预见状况的发生。

在施工过程中，还可将 BIM 与数码设备相结合，对预制混凝土构件产品的外形、大小、裂缝破损、金属配件和后期零部件的安装状态等进行数字化质量监测。同样，BIM 数据设备可以对预制建筑内机电管线的安装位置及状态关系、预制构件的留洞大小、现场尺寸及管线定位等进行三维比对测试，从而更有效地管理施工现场、监控施工质量，使工程项目的 BIM 数字化管理成为可能；项目管理方和质量监督人员能够第一时间获得信息反馈，减少返工量，提高建筑质量并确保施工进度。

BIM 在装配式混凝土建筑运维阶段的应用

9.5.1　装配式混凝土建筑运维管理

根据国际设施管理协会（International Facility Management Association，IFMA）的说明，FM（facility management，运维管理）是"将实质工作场所与组织内的人员和工作结合起来的一种实践，综合了管理科学、建筑科学、行为科学和工程技术的基本原理"。

简单地说，物业管理仅关心物业本身的建筑、设施维护，而运维管理涉及范畴很广，甚至可以包括客户所有的非核心业务，对企业的战略规划具有重大影响。运维管理的特点主要为专业化、精细化、智能化、个性化。

1. 专业化

运维管理提供策略性规划、财务与预算管理、不动产管理、空间规划及管理、设施设备的维护和修护能源管理等多方面内容。对不同的行业及领域所需的基础设施及公共服务设施实行专业化服务。

2. 精细化

运维管理运用信息化技术，对客户的业务进行研究分析，优化质量、成本、进度、服务等精细化管理目标。

3. 智能化

运维管理充分利用现代信息技术，通过高效的传输网络，通过智能家居、智能办公、智能安防系统、智能能源管理系统、智能物业管理维护系统、智能信息服务等系统实现智能化服务与管理。

4. 个性化

运维管理根据客户的业务流程、工作模式、经营目标等需求，提供个性化设施管理方案，合理组织空间流程，提高物业价值。

9.5.2　BIM 技术与运维管理集成

BIM 技术在装配式混凝土建筑的设计和制造，使得 BIM 技术的应用覆盖工业化建筑的全生命周期成为可能。因此，在建筑竣工以后，通过继承设计、制造、装配阶段所生成的 BIM 信息，利用 BIM 模型优越的可视化三维空间展示能力，以 BIM 模型为载体，将各种零碎、分散、割裂的信息数据及建筑运维阶段所需的各种机电设备参数进行一体化整合的同时，进一步引入建筑的日常设备运维管理功能，基于 BIM 技术对建筑空间和设备运维进行有效管理。

在预制构件生产过程中,采用二维码、条形码或者 RFID 等方式,对预制构件进行标识。通过标识,在装配式混凝土建筑的后期运维管理中,可以非常方便地找到相应构件并通过预制构件信息数据库,匹配相应的属性信息,提升运维管理效率及质量。

基于 BIM 进行建筑空间和设备运维管理的系统基本架构如图 9.3 所示。整个运维管理系统的底层为各种数据信息,包含了生产过程中的构件综合数据、设备参数数据,以及设备在运维过程中所产生的设备运维数据。中间层即系统的功能模块,可以通过 3D 浏览来实现 BIM 模型的查看,单击 BIM 模型中的相应构件,匹配预制构件信息数据库,实现对构件及设备参数数据的查看。而中间层中的设备运维管理,可以允许用户发起各种设备接报修流程,制订设备的维护保养计划等。最顶层的系统门户,是对各类重要信息、待处理信息的一个集中体现和提醒。

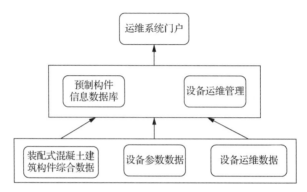

图 9.3　运维管理系统基本架构

有别于传统建筑,工业化建筑在构件制造阶段,可以充分应用 RFID 技术或者二维码标识,使人们在建筑运维阶段可以更便捷地完成构件查找及维护工作。

很显然,BIM 中的数据越丰富,就会对建筑的运维管理产生更大的价值,有助于提高整个建筑的运行效率和经济效益。然而不同的 BIM 软件和 CAFM 软件中各类数据格式是 BIM 数据交付的重大障碍,要想成功移交,必须要求项目各参与方共同接受并遵循一致的 BIM 数据交换标准,并贯彻在整个规划、设计、建造、安装、管理过程中。装配式构件在运维过程中的监控、分析管控、维护等应用可基于 BIM 技术实现相对完整的运维管理模块。基于 BIM 技术的装配式构件运维管理包含如下集成内容。

1. 3D 可视化

BIM 模型可以实现 3D 可视化操作,提供更加直观的运维管理环境。

2. 预防性维护

利用 BIM 模型中的机电设备信息,可以帮助针对持续的预防性维护需求创建管理数据库。这对需要定期检查和保养的设备,尤其是采暖、通风、空调设备和生命安全系统,具有特别重要的意义。

3. 状态评估

BIM 所提供的数据有助于评估建筑物现状并进行性能优化的分析。

4．空间管理

在没有 BIM 的情况下，传统的 CAFM 软件进行空间管理的过程为：FM 人员扫描纸张平面图到 CAFM 应用程序内；然后作为电子楼层平面图背景创建 Plyin（直线和圆弧段组成的闭合回路）定义一个区域，并确定房间号码来命名该区域。

BIM 模型为空间管理提供了一个很好的起点，可以抛弃 Plyining 过程，通过 BIM 模型快速为空间管理建立基础数据。FM 人员使用与 BIM 集成的 CAFM 客户端可以合并来自多个数据源的数据，使用简单的工具产生自己的楼层平面图、房间号码、区域、人员等，用不同的颜色标注，并且通过与人力资源数据的整合，可以减少冗余空间，最终实现房地产开支的大幅削减，简化空间数据创建。

5．企业管理

通过 BIM、FM 系统与企业管理结合，可以挖掘更多的价值点。例如，将 HR 的员工信息与办公空间关联，实现可视化的员工工位管理。

以上种种价值可以通过 BIM 软件与 FM 平台的集成来实现，具体处理方式有两种：①BIM 作为 FM 数据源，BIM 模型与 FM 系统双向同步数据；②BIM 作为 FM 操作平台，通过 BIM 轻量模型访问 FM 数据。

 本 章 小 结

本章主要介绍了 BIM 的概念、定义、工具，讲述了装配式建筑领域的 BIM 应用现状与前景及 BIM 应用策略，以及 BIM 在设计、制造、施工、运维四个阶段的应用。

在设计阶段，基于 BIM 的三维协同设计最大限度上减少了设计的错、漏、碰、缺，将拆分工作前置，实现系统化、智能化、参数化和性能化的设计。

在制造阶段，装配式混凝土建筑工程从设计出图到工厂制造，需要一套完善的 BIM 数据传递方式。在生产过程中，对预制构件进行标识，结合 BIM 数据信息，形成预制构件信息数据库。

在装配阶段，由于预制混凝土建筑项目对现场的施工标准化要求较高，利用 BIM 技术能够为工程项目提供既高效又准确的数据支持，为现场的施工标准化、拼装高效化、进度可控化、方案合理化的实现提供了可能性。

在运维阶段，有别于传统建筑，利用装配式混凝土建筑构件在制造阶段形成的产品标识，可以在建筑运维阶段更便捷地完成构件查找及维护工作。BIM 技术的运维管理可以实现空间管理、资产管理、预防性维护、流程管理等。

习 题

1. BIM 的核心价值有哪些?

2. BIM 在装配式混凝土建筑中的优势是什么?

3. BIM 在施工阶段有哪些基本应用点?

4. 如何实现 BIM 技术对现场施工质量的监管?

5. BIM 技术运维管理的特点有哪些?

第10章 装配式建筑结构节点连接及质量检测

学习目标

通过本章的学习，学生应掌握装配式混凝土结构和装配式钢结构的连接质量检测方法，了解检测的相关设备和施工工艺流程，熟悉相应的检测标准。

本章重点

装配式混凝土结构和装配式钢结构的连接形式和施工质量检测的方法。

10.1 装配式混凝土结构节点连接检测

装配式混凝土构件由预制混凝土构件或部件通过可靠的连接方式装配而成，节点连接至关重要，主要分为预制构件之间的连接和预制围护构件与主体结构之间的连接。其中，预制构件的竖向连接方式一般分为三种：钢筋套筒灌浆连接、钢筋浆锚搭接连接和螺栓连接。理论上说，装配式结构体系的预制构件采用工厂化生产，在生产过程中的质量控制及出厂质检等环节把控下，其构件品质的稳定性及可靠性较现浇结构构件质量更容易得到控制和保证。但由于构件间的连接节点不得不采用现场施工的方式，因此其构件间连接节点的可靠性成为决定结构体系质量的一个关键要素。

在装配式混凝土结构中，节点的连接包括钢筋与钢筋连接和混凝土结合面连接。如图 10.1 所示，钢筋连接方式有套筒灌浆连接、浆锚搭接连接、机械连接、焊接连接、绑扎连接等。后浇混凝土与预制构件混凝土（混凝土结合面）的连接方式有叠/结合面及坐浆连接。由于机械连接、焊接连接、绑扎连接等传统钢筋连接应用已十分成熟，本节重点介绍钢筋连接技术中的套筒灌浆连接和浆锚搭接连接质量检测。

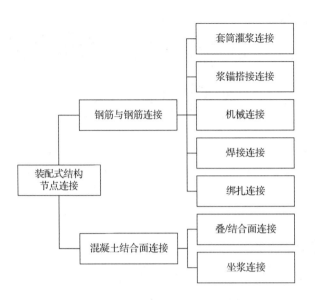

图 10.1　装配式结构节点连接类型

10.1.1　套筒灌浆连接质量

1．钢筋套筒灌浆施工工艺流程

钢筋套筒灌浆连接施工流程主要包括：预制构件在工厂完成套筒与钢筋的连接、套筒在模板上的安装固定和进出浆管道与套筒的连接，在建筑施工现场完成构件安装、灌浆腔密封、灌浆料加水拌和及套筒灌浆。

以梁柱节点区灌浆套筒施工流程为例，操作步骤包括节点作业面处理、灌浆腔密封、灌浆施工准备、灌浆、封堵排浆孔及终检。

（1）节点作业面处理。施工前需清理干净节点作业面，采用压力水管对连接节点区进行冲水湿润，保证作业面无灰渣、无油污、积水。

（2）灌浆腔密封。水泥基坐浆料铺设在节点连接面上，由坐浆料将灌浆套筒底部封堵与外界隔离。

（3）灌浆施工准备。采用检测合格的专用水泥基灌浆料，施工前加水并搅拌，静置 2～3min 待气泡自然排出。灌浆机应预先用清水湿润。

（4）灌浆。为防止灌浆机堵塞，将拌制好的灌浆料经过滤筛网后倒入灌浆机内，循环若干次后开始灌浆。灌浆料由灌浆套筒灌浆口注入，灌浆流速控制在一定范围内。

（5）封堵排浆孔。待浆液流出灌浆套筒排浆口，立即用橡皮塞封堵出浆口。检查确认所有连接节点均完成灌浆后，将灌浆口和出浆口表面抹平，并对灌浆过程做现场记录。

（6）终检。检查连接质量外观缺陷，如露筋、孔洞、夹渣、蜂窝、疏松、裂缝、连接部位缺陷、外形缺陷、外表缺陷等。

2．影响钢筋套筒灌浆质量的因素

由于节点处施工面窄小，需要精细化的施工水平以保证钢筋节点连接的质量，影响灌浆套筒连接质量的主要因素如下：

（1）构件连接部位处理和安装质量：重点检查钢筋表面状况、定位位置和伸出长度。若连接钢筋位置偏离或伸出长度不符合设计要求，容易造成构件难以安装到位。钢筋表面沾有泥浆或锈蚀会使得灌浆连通腔的构件接缝时间隙过小，引起连接质量问题。

（2）灌浆部位密封质量，灌浆作业工艺和构件保护措施：重点检查构件连接面及灌浆腔的密封状况。若构件连接面处有异物或积水，容易在灌浆连接时混入灌浆料内，造成灌浆料性能改变或堵塞灌浆通道；若灌浆腔密封不牢，灌浆后期压力高时可能出现意外漏浆，导致构件连接失败甚至报废。

3．钢筋套筒灌浆施工质量验收及节点检测方法

装配整体式结构的套筒灌浆连接接头是验收的重点，尤其是灌浆料的强度和密实度检查，不能做破坏性实验，因此施工中应做好施工检验记录并制定好质量控制方案。然而实际工程中常出现套筒灌浆不饱满、漏灌、构件破损严重等问题，如不及时采取措施解决这些问题，随着施工的持续进行和荷载的不断施加，安全隐患逐步积累，到一定程度后容易引发工程事故。在装配式混凝土建筑中，连接接头质量问题是引起施工纠纷的常见原因。

1）套筒灌浆料的技术性能和检验要求

套筒灌浆料应与灌浆套筒匹配使用，应按产品设计（说明书）要求的用水量进行配制，使用温度不宜低于 5℃，其性能需符合表 10.1 的要求。

表 10.1 套筒灌浆料的技术性能

流动度/mm	初始	≥300
	30min	≥260
抗压强度/MPa	1d	≥35
	3d	≥60
	28d	≥85
竖向膨胀率/%	3h	≥0.02
	24h 与 3h 差值	0.02～0.5
氯离子含量/%		≤0.3
泌水率/%		0

2）灌浆料密实度检测方法

《装配式混凝土结构技术规程》（JGJ 1—2014）中推荐的套筒灌浆质量检测方法有 X 射线工业 CT 法、预埋钢丝拉拔法、预埋传感器法、X 射线法等。灌浆施工前，可结合工艺检验采用 X 射线工业 CT 法进行套筒灌浆质量检测；灌浆施工时，可根据实际需要采用预埋钢丝拉拔法或预埋传感器法进行套筒灌浆饱满度检测；灌浆施工后，可根据实际需要采用 X 射线法结合局部破损法进行套筒灌浆质量检测。

（1）X 射线工业 CT 法。X 射线工业 CT 法是一种工业用计算机断层成像技术，它能在对检测物体无损伤条件下，以二维断层图像或三维立体图像的形式，清晰、准确、直观地展示被检测物体的内部结构、组成、材质及缺损状况。相对常规低能 X 射线工业 CT，高能 X 射线工业 CT 能够适应更大的扫描直径、扫描高度和样品质量，且具有高集成度、高效率、高一致性、高稳定性、高均匀性、低噪声、抗干扰性强等技术优点，采用线阵探测器和精确的后准直系统，大大降低了散射误差，检测效果更好。X射线工业CT技术用于钢筋套筒灌浆检测时能够清晰地获得套筒内部的影像，实现套筒灌浆质量的有效检测，但由于X射线工业CT检测设备过于庞大且放射性非常高，无法实现工程现场的检测，仅能适用于灌浆套筒平行试件在实验室内的检测。

（2）预埋钢丝拉拔法。预埋钢丝拉拔法是指灌浆前在套筒出浆口预埋高强钢丝，待灌浆料凝固一定时间后，对预埋钢丝进行拉拔，通过拉拔荷载值判断灌浆饱满程度。若拉拔荷载值偏低，可进一步用内窥镜法进行校核。预埋钢丝拉拔法所用高强钢丝可重复使用，是一种简单、实用、经济的套筒灌浆饱满度检测方法。

（3）预埋传感器法。预埋传感器法的传感器在特定激励信号驱动下会产生一定频率的振动，该振动受到摩擦和介质阻力而使振幅随时间逐渐衰减。当传感器周围的介质为空气、水、灌浆料时，其阻尼系数依次增大，相应振幅的衰减不断增加。具体检测时，灌浆前需在套筒出浆口预埋传感器，灌浆过程中通过传感器对灌浆饱满度实时监测，灌浆结束10min后可再次通过传感器对灌浆饱满度进行检测。通过传感器信号波幅的衰减情况来判断传感器是否被灌浆料包覆，以确定套筒灌浆是否饱满。若发现存在不饱满情况，应及时进行补灌，以实现套筒灌浆施工过程中的质量控制。

（4）X射线法。X射线法能够观测到套筒内部全貌，检测的关键是设置好管电压、管电流、曝光时间、射线源到胶片的距离等参数，这些需要事先通过试验确定，有时需根据现场实际情况进行调整。目前便携式X射线探伤仪最大工作管电压为300kV，在此电压下X射线法仅适用于厚度不大于200mm、套筒单排或梅花形布置的预制剪力墙，对其他构件均不适用。同时，X射线法检测时有辐射，人员需远离30m以外，现有条件下检测得到的图像清晰度不高，因此该方法的适用范围有限，通常需要和局部破损法相结合以对检测结果做出判别。

10.1.2 浆锚搭接连接质量

目前在国内有多家科研单位、高等院校和企业正在对多种浆锚搭接连接的方式进行研究，其中哈尔滨工业大学和黑龙江某公司共同研发的约束浆锚搭接连接已经取得一定的研究成果和实践经验，适合用于直径较小钢筋的连接，施工方便，造价较低。根据国家现行标准《混凝土结构设计规范（2015年版）》（GB 50010—2010）对钢筋连接和锚固的要求，为保证结构延性，在对结构抗震性能比较重要且钢筋直径较大的剪力墙边缘构件中不宜采用这种连接方式。

1. 浆锚搭接连接的工作原理

钢筋浆锚搭接连接是在预制混凝土构件中预留孔道，在孔道中插入需搭接的钢筋并灌注水泥基灌浆料而实现钢筋搭接连接的方式。构件安装时，将需要搭接的钢筋插入孔洞内至设定的搭接长度，通过灌浆孔和排气孔向孔洞内灌入灌浆料，经灌浆料凝结硬化后，完成两根钢筋的搭接。其中，预制构件的受力钢筋在采用有螺旋钢筋约束的孔道中进行搭接的技术，称为钢筋约束浆锚搭接连接。

2．浆锚搭接连接的形式

目前浆锚搭接连接形式主要有两种，即螺旋箍筋浆锚搭接和波纹管浆锚搭接。

（1）螺旋箍筋浆锚搭接是一种通过螺旋箍筋浆加强搭接钢筋预留孔道的预留孔钢筋灌浆连接方式。如图 10.2 所示，预留构件后插入钢筋部分增设预留孔道，钢筋插入后灌浆连接。两根搭接的钢筋外圈混凝土用螺旋钢筋加强，混凝土受到约束，从而使得钢筋可靠搭接。

图 10.2　螺旋箍筋浆锚搭接示意图

（2）波纹管浆锚搭接是一种用波纹管加强预留孔道的钢筋灌浆连接方式。如图 10.3 所示，波纹管对后插入管内的钢筋和灌入的灌浆料进行约束，实现钢筋的搭接连接。

图 10.3　波纹管浆锚搭接示意图

3．浆锚搭接连接施工质量影响因素

钢筋浆锚搭接连接质量取决于孔洞的成型技术、灌浆料的质量，以及对被搭接钢筋形成约束的方法等。

（1）孔洞的成型技术：目前我国的孔洞成型技术种类较多，尚无统一的论证，因此《装配式混凝土结构技术规程》（JGJ 1—2014）要求纵向钢筋采用浆锚搭接连接时，对预留孔成孔工艺、孔道形状和长度、构造要求、灌浆料和被连接钢筋应进行力学性能及适用性的试验验证。

（2）灌浆料的质量：灌浆料施工会受到环境、空气质量、温度、湿度等多方面因素的影响，施工中尤其要注意孔洞和灌浆不密实等影响结构安全的质量问题。

鉴于我国目前针对钢筋浆锚搭接连接接头尚无统一的技术标准，因此提出较为严格的要求，要求使用前对接头进行力学性能及适用性的试验验证，即对按一整套技术，包括混凝土孔洞成形方式、约束配筋方式、钢筋布置方式、灌浆料、灌浆方法等形成的接头进行力学性能检验，并对采用此类接头技术的预制构件进行各项力学及抗震性能的试验验证，经过相关部门组织的专家论证或鉴定后方可使用。在多层框架结构中，不推荐采用浆锚搭接方式。

4．浆锚搭接连接施工质量检测

钢筋浆锚搭接连接接头应采用水泥基灌浆料，灌浆料的性能需符合表 10.2 的要求。

表 10.2　浆锚搭接连接接头用灌浆料性能要求

流动度/mm	初始	≥200
	30min	≥150

		续表
抗压强度/MPa	1d	≥35
	3d	≥55
	28d	≥80
竖向膨胀率/%	3h	≥0.02
	24h 与 3h 差值	0.02～0.5
氯离子含量/%		≤0.06
泌水率/%		0

浆锚搭接接头形式仍在研究中，尚无统一的技术标准，一般认为其适用于房屋层数三层内的受力钢筋连接，可采用 X 射线法结合局部破损法检测。

10.1.3　预制构件及节点混凝土连接质量

装配整体式结构中的混凝土连接主要指预制构件之间的接缝及预制构件与现浇及后浇混凝土之间的结合面，包括梁端接缝、柱顶底接缝、剪力墙的竖向接缝和水平接缝等。装配整体式结构中，接缝是影响结构受力性能的关键部位。

1. 预制构件质量验收

预制混凝土构件进场须附隐蔽验收单及产品合格证。施工单位和监理单位需对进场预制混凝土构件进行质量检查。质量检查内容包括：

（1）预制构件质量证明文件和出厂标志。

（2）预制构件外观质量和尺寸偏差。外观质量应全数检查，尺寸偏差为按批抽样检查。外观质量检查包括漏筋、蜂窝、孔洞、疏松、裂缝以及连接部位的质量检查。不允许存在影响结构性能和使用功能的裂缝，连接件和灌浆套筒应有相应的保护措施。

（3）预制构件在明显部位标明的生产日期、构件型号、生产单位和构件生产单位验收标志。

2. 预制构件叠/结合面处理与质量要求

预制构件的连接方法一般有连接部位后浇混凝土、采用螺栓或预应力连接等，同时预制构件与后浇混凝土、灌浆料、坐浆材料的结合面应设置粗糙面、键槽。规定如下：

（1）预制板与后浇混凝土叠合层之间的结合面应设置粗糙面；

（2）预制梁与后浇混凝土叠合层之间的结合面应设置粗糙面；

（3）预制梁端面应设置键槽和粗糙面。键槽的尺寸和数量应满足要求。

1）粗糙面的处理方式与质量要求

为保证预制构件与后浇混凝土的结合，其粗糙面处理方法和质量要求如下：

（1）人工凿毛法：人工使用铁锤和凿子剔除预制构件结合面的表皮，露出碎石骨料。

（2）机械凿毛法：使用专门的小型凿岩机配置梅花平头钻，剔除结合面混凝土表皮。

（3）缓凝水冲法：在预制构件混凝土浇筑前，将含有缓凝剂的浆液涂刷在模板上，浇注混凝土后，利用已浸润缓凝剂的表面混凝土与内部混凝土的缓凝时间差，用高压水冲洗未凝固的表层混凝土，冲掉表面浮浆，露出骨料，形成粗糙表面。

2）键槽的质量要求

键槽是指预制构件混凝土表面规则且连续的凹凸构造，可实现预制构件和后浇筑混凝土的共同受力作用。

以预制梁端面键槽为例，如图 10.4 所示，其深度 t 不宜小于 30mm，宽度 w 不宜小于深度的 3 倍且不宜大于深度的 10 倍；键槽可贯通截面，当不贯通时槽口距离截面边缘不宜小于 50mm；键槽间距宜等于键槽宽度；键槽端部斜面倾角不宜大于 30°。

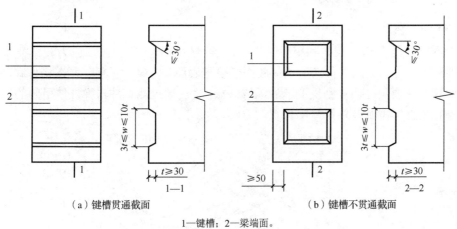

（a）键槽贯通截面　　　　　　　　　　（b）键槽不贯通截面

1—键槽；2—梁端面。

图 10.4　预制梁端面键槽构造示意图

3）后浇混凝土

后浇混凝土是预制构件安装后在预制构件连接区域或叠合层现场浇注的混凝土，应用于叠合板、叠合梁施工中。由于连接区域操作空间限制，后浇段质量问题主要表现在漏浆、烂根、板底不平等，因此施工中应注意以下内容：

（1）预制构件的结合面疏松部分的混凝土应剔除并清理干净；

（2）模板应保证后浇筑混凝土部分形状、尺寸和位置准确，并应防止漏浆；

（3）在浇筑混凝土前，应洒水润湿结合面，混凝土应振捣密实。

后浇混凝土施工完成后，需要留置试块并按照现浇混凝土的养护条件进行养护，养护完成后需要检测以下内容：

（1）外观检查：重点检查后浇混凝土表面是否存在缺棱掉角、表面裂缝、起沙、蜂窝、麻面等现象，对一般的表面裂缝可进行表面修复或灌浆处理。

（2）几何尺寸及标高等检查：由于后浇混凝土强度未达到规定强度时模板不能拆除，因此需要检查几何尺寸，特别是标高。

（3）混凝土强度检查：对同等条件养护的混凝土试块应进行混凝土抗压强度实验，也可以采用其他混凝土强度检测方法，如回弹法、超声回弹综合法、后装拔出法、拉脱法等非破损或局部破损检测方法，对有争议的后浇混凝土质量可采用钻芯法进行进一步检测。

4）坐浆施工及质量要求

坐浆是指在预制构件连接之前，先在基底平铺一层砂浆，然后把构件放在砂浆里，等砂浆凝固硬化了，能把两个构件黏合在一起，即使没有黏合在一起，也填塞了原有间隙，通常应用于剪力墙连接中。实际施工中需要各环节紧密配合，对施工质量要求较高。施工中应注意：

（1）严格控制坐浆料的质量和配比。

（2）现场产业工人较少，选择通过技能培训和考核的工人，对坐浆料达到精确控制。

（3）控制坐浆层厚度和施工环境。如果坐浆层太厚，垫块容易发生偏移；如果坐浆层太薄，结合面又会出现空隙。同时，坐浆层在洒水养护环节易产生结合面的裂缝，气温过高会加快预制构件结合层水分蒸发，也会影响工人的行为状态，舒适的温度环境有利于工人施工。

3．混凝土结合面质量的检测

1）冲击回波法

冲击回波法是在构件表面利用瞬时机械冲击产生低频的应力波，应力波传播到结构内部，遇到波阻抗有差异的界面（如构件底面或缺陷表面）时发生反射，并在构件底部、内部缺陷表面和构件表面之间来回反射产生纵波共振，之后通过测试冲击弹性波引起的振动主频率比来确定构件厚度及其内部缺陷位置的方法，如图 10.5 所示。

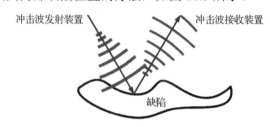

图 10.5　冲击回波法检测原理及方法

2）超声波探伤检测法

超声波探伤是利用材料及其缺陷的声学性能差异对超声波传播波形反射情况和穿透时间的能量变化来检验材料内部缺陷的无损检测方法。超声波探伤的优点是检测厚度大、灵敏度高、速度快、成本低、对人体无害，能对缺陷进行定位和定量。然而缺陷的显示不直观，容易受到主客观因素影响。用超声法检测混凝土结合面的质量时，应先查明结合面的位置及走向，明确被测部位及范围。若构件的被测部位具有声波垂直或斜穿结合面的测试条件，可采用对测法与斜测法进行检测。

3）原位取芯验证法

有时为进一步验证施工质量，在被检处选取不少于 3 处，以 ϕ50mm 钻孔原位取芯，取芯平均分布。取芯造成的破损处采用注浆料及时填充密实。

10.2　装配式钢结构连接方式及质量检测

钢结构是天然的装配式结构，最佳的装配式钢结构致力于实现钢构件工厂化焊接和混凝土工厂内浇筑，部品部件间工地全螺栓连接。连接节点包括柱与柱连接、梁与柱连接、支撑与框架连接、楼板与楼板连接、楼板与梁连接，以及围护结构与主体结构连接。目前装配式钢结构的梁柱节点主要采用焊缝连接和螺栓连接。

10.2.1　焊缝连接

1．焊接方式

钢结构中的焊缝连接，主要采用电弧焊，即在构件连接处，借电弧产生的高温，将置于焊缝部位的焊条或焊丝金属熔化，而使构件连接在一起。电弧焊又分手工焊、自动焊和半自动焊。自动焊和半自动焊，可采用埋弧焊或气体（如二氧化碳气体）保护焊。

2．焊缝常见质量问题

焊接过程中，由于被连接构件局部受热和焊后不均匀冷却，加上人工操作的误差，常见的质量问题有气孔、咬边、未焊透、裂纹、焊道外观形状不良、偏弧、烧穿、焊道不均匀。角焊缝和对接焊缝检测的具体项目和相应方法见表 10.3。

表 10.3　角焊缝和对接焊缝检测的具体项目和相应方法

序号	检测项目		检测方法
1	角焊缝	外观质量	裂纹、咬边、根部收缩、弧坑、电弧擦伤、表面夹渣、焊缝饱满程度、表面气孔和腐蚀程度等	目测，辅以低倍放大镜，必要时采用磁粉探伤或渗透探伤
2		焊缝尺寸	焊缝长度、焊脚尺寸、焊缝余高	焊接检验尺检测
3	对接焊缝	外观质量	裂纹、咬边、根部收缩、弧坑、电弧擦伤、接头不良、表面夹渣、焊缝饱满程度、表面气孔和腐蚀程度等	目测，辅以低倍放大镜，必要时采用磁粉探伤或渗透探伤
4		焊缝内部质量	裂缝、夹层、杂质	射线探伤或超声波探伤
5		焊缝尺寸	焊缝长度、焊缝余高	焊接检验尺检测
6		熔敷金属力学性能	—	截取试样检验

(表格中"检测项目"列实际包含子列：焊缝类型、项目、具体内容)

3．常用焊缝无损检测方法

1）射线探伤方法

目前应用较广泛的射线探伤方法是利用（X、γ）射线源发出的贯穿辐射线穿透焊缝后使胶片感光，焊缝中的缺陷影像便显示在经过处理后的射线照相底片上。主要用于发现焊缝内部气孔、夹渣、裂纹及未焊透等缺陷。

2）超声探伤

利用压电换能器件，通过瞬间电激发产生脉冲振动，借助于声耦合介质传入金属中形成超声波，超声波在传播时遇到缺陷就会反射并返回换能器，再把声脉冲转换成电脉冲，测量该信号的幅度及传播时间即可评定工件中缺陷的位置及严重程度。超声波比射线探伤灵敏度高，灵活方便，周期短、成本低、效率高，对人体无害，但显示缺陷不直观，对缺陷判断不精确，受探伤人员经验和技术熟练程度影响较大。

3）渗透探伤

含有颜料或荧光粉剂的渗透液喷洒或涂覆在被检焊缝表面上，利用液体的毛细作用，使其渗入表面开口的缺陷中，然后清洗去除表面上多余的渗透液，干燥后施加显像剂，将缺陷中的渗透液吸附到焊缝表面上来，从而观察到缺陷的显示痕迹。液体渗透探伤主要用于：检查坡口表面、碳弧气刨清根后或焊缝缺陷清除后的刨槽表面、工卡具铲除的表面，以及不便于磁粉探伤部位的表面开口缺陷。

4）磁性探伤

磁性探伤是利用铁磁性材料表面与近表面缺陷会引起磁导率发生变化，磁化时在表面上产生漏磁场，并采用磁粉、磁带或其他磁场测量方法来记录与显示缺陷的一种方法。磁性探伤主要用于检查表面及近表面缺陷。该方法与渗透探伤方法相比，不但探伤灵敏度高、速度快，而且能探查表面一定深度下的缺陷。

10.2.2 普通螺栓连接

1. 普通螺栓类型

普通螺栓连接的连接件包括螺栓杆、螺母和垫圈。普通螺栓用普通碳素结构钢或低合金结构钢制成，常用的主要以下有三种类型：

（1）普通螺纹：牙型为三角形，用于连接或紧固零件。普通螺纹按螺距分为粗牙和细牙螺纹两种，细牙螺纹的连接强度较高。

（2）传动螺纹：牙型有梯形、矩形、锯齿形及三角形等，可以传递轴向的动力。

（3）密封螺纹：用于密封连接，主要是管用螺纹、锥螺纹与锥管螺纹。

2. 普通螺栓连接检测及质量判定

普通螺栓连接检测的内容应包括螺栓断裂、松动、脱落、螺杆弯曲、螺纹外露圈数、连接零件是否齐全和锈蚀程度。普通螺栓连接检测的方法宜为观察、锤击检查等。当出现下列情况时，普通螺栓连接应判定为失效：

（1）部分连接螺栓出现断裂、松动、脱落、螺杆弯曲等损坏；

（2）连接板出现翘曲或连接板上部分螺孔产生挤压破坏；

（3）螺栓间距严重不符合规范，影响正常使用安全。

需要说明的是，当一个节点中有个别或部分普通螺栓出现松动、脱落、螺杆弯曲、连接板翘曲、连接板螺孔挤压破坏等损伤，但节点仍然可以承载时，进行结构分析和节点承载能力计算应考虑损伤对节点的不利影响。当节点的部分或大部分螺栓出现损伤，以至于节点难以承载时，应判定节点失效。

10.2.3 高强度螺栓连接

1. 高强度螺栓连接方式

高强度螺栓连接件由螺栓杆、螺母和垫圈组成，由高强度钢（如20锰钛硼、40硼、45

钢）经过热处理制成。高强度螺栓连接用特殊扳手拧紧高强度螺栓，对其施加预拉力。高强度螺栓抗剪连接按其传力方式分为摩擦型和剪压型（或称承压型）两类。摩擦型高强度螺栓抗剪连接，依靠被夹紧板束接触面的摩擦力传力，一旦摩擦力被克服，被连接的构件发生相对滑移，即认为达到破坏状态。而剪压型高强度螺栓抗剪连接，则假设板束接触面间的摩擦力被克服后，栓杆与孔壁（孔径比杆径大 1.0～1.5mm）接触，借螺栓抗剪和孔壁承压来传力。因为摩擦型高强度螺栓抗剪连接的承载力取决于高强度螺栓的预拉力和板束接触面间的摩擦系数（亦称滑移系数）的大小，除采用强度较高的钢材制造高强度螺栓并经热处理，以提高预拉力外，常对板件接触面进行处理（如喷砂）以提高摩擦系数。

2．高强度螺栓连接质量检测

高强度螺栓连接检测的内容应包括螺栓断裂、松动、脱落、螺杆弯曲、螺纹外露圈数、滑移变形、连接板螺孔挤压破坏、连接零件是否齐全和锈蚀程度。高强度螺栓连接检测的方法为观察、锤击检查等。当出现下列情况时，高强度螺栓连接应判定为失效：

（1）连接中部分高强度螺栓出现断裂、脱落、螺杆弯曲等损坏；

（2）连接板出现滑移变形、翘曲或连接板上部分螺孔产生挤压破坏；

（3）螺栓间距严重不符合规范，影响正常使用安全。

当个别或部分或大部分高强度螺栓出现损伤情况时，在结构分析、节点承载力分析及节点失效判定中的处理方法与普通螺栓相同。高强度螺栓的松动采用定力矩检测，当预拉力损失：普钢大于 10%、薄钢大于 5%时，确定有松动。

10.2.4　钢结构节点连接的质量判定

前面介绍了焊缝连接、普通螺栓连接和高强度螺栓连接形式和连接质量检测，但钢结构节点质量需要支座节点、梁柱、梁梁节点的整体质量支撑，从而在关键节点上保证传力路径的安全，因此本节再简要补充支座节点，梁柱、梁梁节点的检测要点。

1．支座节点

支座节点是装配式钢结构中至关重要而又特殊的节点，检测内容应包括对屋架支座、桁（托）架支座、柱脚、网架（壳）支座的检测。具体内容应包括支座是否偏心与倾斜、支座是否沉降、支座是否锈蚀、连接焊缝是否有裂缝、锚栓是否变形或断裂、螺母是否松动或脱落、限位装置是否有效、铰支座能否自由转动或滑动等。

2．梁柱、梁梁节点

梁柱、梁梁节点检测内容应符合下列规定：

（1）节点及其零部件的尺寸、构造是否满足设计或规范要求。

（2）对于采用端板连接的梁柱连接，应重点检测端板是否变形、开裂，其厚度是否满足设计或规范要求；梁（柱）与端板的连接是否开裂；端板的连接螺栓是否松动、脱落；对于采用栓焊或全焊的框架梁柱、梁梁连接，除应检查焊缝和螺栓外，地震区尚应验算节点承载力是否满足抗震规范要求。

本 章 小 结

　　连接节点把各种不同形状的构件或元素组合起来形成连接体，是装配式结构体系不可分割的组成部分，与结构体系的特定组织规则相匹配，在结构体系中发挥着关键性作用。

　　在装配式混凝土结构节点性能研究中，主要集中于套筒灌浆连接、浆锚搭接连接等湿连接技术，对于焊接、螺栓等干连接技术尚缺乏系统的研究。干连接技术现场湿作业少，有利于节能环保，同时现场安装速度快，更符合装配式的要求。此外，关于节点抗震性能的研究侧重于增强节点的强度、刚度和延性，新型节点的研发过程中如更深入地研究节点减震控制技术，有助于将隔震、耗能减震技术应用于结构体系中，从而从根本上提高装配式混凝土结构的抗震性能和结构体系的质量。

习 题

1．钢筋灌浆套筒施工的主要工艺流程和质量控制注意事项有哪些？

2．简述钢筋灌浆套筒施工的常见质量问题以及检测方法，同时描述各种检测方法的优缺点。

3．预制混凝土构件结合面连接时的处理方式有哪几种？各有什么质量要求？

4．混凝土结合面施工质量检测方法有哪几种？并简要概述。

5．装配式钢结构节点连接方式主要有哪几种？各自的适用条件是什么？

6．焊缝连接常见的质量问题有哪些？无损检测的方法有哪几种？

7．普通螺栓的分类及连接质量的检查内容是什么？如何判定失效？

8．高强螺栓的分类及连接质量的检查内容是什么？如何判定失效？

参 考 文 献

常春光，王嘉源，李洪雪，2016. 装配式建筑施工质量因素识别与控制[J]. 沈阳建筑大学学报（社会科学版），18（1）：58-63.

陈群，蔡彬清，林平，2017. 装配式建筑概论[M]. 北京：中国建筑工业出版社.

程江博，2018. 装配式建筑施工安全管理若干要点研究[J]. 智能城市（13）：73-74.

冯大阔，张中善，2018. 装配式建筑概论[M]. 郑州：黄河水利出版社.

关瑞，任媛，2018. 装配式混凝土结构[M]. 武汉：武汉大学出版社.

郭学明，2018. 装配式建筑概论[M]. 北京：机械工业出版社.

何山，2016. 基于BIM的装配式建筑全生命周期管理问题探析[J]. 科技创新与应用（5）：65.

李天华，2011. 装配式建筑寿命周期管理中BIM与RFID应用研究[D]. 大连：大连理工大学.

刘建富，马爱丽，2018. 装配式预制构件施工安装中的要点[J]. 建筑技术（S1）：53-56.

刘禹，2009. 集成建设系统研究：基于建筑工业化视角[D]. 大连：东北财经大学.

刘占省，2019. 装配式建筑BIM技术概论[M]. 北京：中国建筑工业出版社.

罗杰，宋发柏，沈李智，等，2018. 装配式建筑施工安全管理若干要点研究[J]. 建筑安全（8）：19-25.

梅彬，张哨军，夏萌，2018. 装配式建筑发展的制约因素及其推广措施[J]. 工程经济，28（7）：47-50.

齐宝库，李长福，2014. 基于BIM的装配式建筑全生命周期管理问题研究[J]. 施工技术（15）：25-29.

齐宝库，王明振，2014. 我国PC建筑发展存在的问题及对策研究[J]. 建筑经济（7）：18-22.

齐宝库，朱娅，刘帅，等，2015. 基于产业链的装配式建筑相关企业核心竞争力研究[J]. 建筑经济，36（8）：102-105.

单英华，2015. 面向建筑工业化的住宅产业链整合机理研究[D]. 哈尔滨：哈尔滨工业大学.

四川省建筑科学研究院，2016. 四川省建筑工业化混凝土预制构件制作、安装及质量验收规程：DBJ51/T 008—2015[S]. 成都：西南交通大学出版社.

汪杰，等，2018. 装配式混凝土建筑设计与应用[M]. 南京：东南大学出版社.

王飞，2018. 建筑装饰施工中水电铺设技术探讨[J]. 建材与装饰（38）：64.

王晓峰，蒋勤俭，赵勇，2012.《混凝土结构工程施工规范》GB 50666—2011编制简介：装配式结构工程[J]. 施工技术（6）：15-19.

吴建国，2017. 装配式建筑施工质量问题与质量控制[J]. 城市建设理论研究（电子版）（35）：64-65.

项兆勤，2018. 分析预制装配式建筑施工安全管理的几个要点[J]. 建材与装饰（38）：150-151.

袁建新，张凌云，2018. 装配式混凝土建筑计量与计价[M]. 上海：上海交通大学出版社.

中华人民共和国住房和城乡建设部，2013. 钢筋连接用套筒灌浆料：JG/T 408—2013[S]. 北京：中国标准出版社.

中华人民共和国住房和城乡建设部，2014. 装配式混凝土结构技术规程：JGJ 1—2014[S]. 北京：中国建筑工业出版社.

中华人民共和国住房和城乡建设部，2015. 混凝土结构工程施工质量验收规范：GB 50204—2015[S]. 北京：中国建筑工业出版社.

中华人民共和国住房和城乡建设部，2016. 装配式建筑工程消耗量定额：TY 01-01（01）—2016[S]. 北京：中国计划出版社.

钟振宇，甘静艳，2018. 装配式混凝土建筑施工[M]. 北京：科学出版社.